生命科学と倫理

21世紀のいのちを考える

関西学院大学キリスト教と文化研究センター編

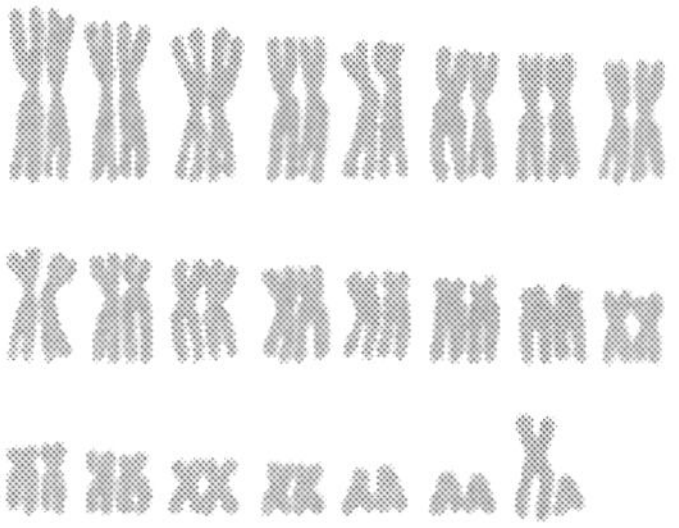

関西学院大学出版会

知的な忍耐──序にかえて──

一

現代のカトリックを代表する思想家の一人、K・ラーナーは、ある受賞講演のなかで、今日の知的状況について次のようなことを指摘した上で、〈知的な忍耐〉ということを説いている（E・ユンゲル、K・ラーナー『忍耐について』所収）。

昔にくらべると、われわれの時代は、知とか知識とかの面で、決定的にちがった状況に立たされている。人間が今日ほどに、多くのことがらを知っていた時代はいまだかつてなかったであろう。たとえば、人間を一つとってみても、それについて、現代の人間は、ヒトゲノムの解読をはじめ、かつては思い及ぶことすらなかった大量の科学的な知見を手にしている。それればかりではない。人間の社会的、文化的な行動のメカニズムについても、そしてまた人間の心理的メカニズムについても、莫大な知を獲得している。そしてそれらをとりまいて、極微の物質の構造から、無限の広がりをもつ宇宙の構造まで、さまざまな知見が膨大に集積されている。このように、現代の人間は、かつての人間とはくらべものにならないほどに、莫大な知識や情報の富を手中にしており、しかもその集積は、一日として止むことなく、日々拡大の一途をたどっている。情報は累積的に集積され、今までのままの図書館ではもはや対応しきれず、知の蓄積の新たなやり方を案出せざるを得ないところにまで立ちいたっているといえる。このことについては誰も異論のないところであろう。

しかしながら、それでは、そのように莫大な知の集積を手中にし、しかも今もなお休むことなく、それを拡大し、累積し続けている現代の人間とは、いったい誰のことを指しているのか、とあらためて問い返してみると、とたんに行き詰まりをきたすであろう。「私」はとてもそんな莫大な知を所有しているなどとは言えない。さりとて「あなた」がそれを所有しているというわけでもない。自他ともに認める「専門家」も、その人のきわめて限られた狭い専門の領域についてなら多くを知っているにしても、しかしその人が知っている知の量など、現代の人間が手中にしている知の集積の総体にくらべれば、けし粒ほどにもならないものでしかないだろう。

つまり、現代の人間は、昔の人にくらべれば、とてつもなく多くのことを知っている。それはたしかである。ところが、その現代に生きている具体的な人間の誰をとってみても、その人が自分を錯覚していないかぎり、われこそはその莫大な知の集積を手中にしているなどと言える者は、ただの一人もいないはずである。ルネッサンス的な〈万能人〉は、われわれ現代の人間にとっては、もはや不可能な夢でしかないであろう。

かつて人間は、これほど多くのことを知りはしなかったが、しかしそのことについてならば、一人ひとりかなりの部分を知ることができていた。しかし今日では、人間は莫大な知を有している。そしてわれわれも、いろいろな努力を重ねたり、手段を講じたりすれば、それらを知る可能性はもっている。知の集積の技術も発展を遂げているし、またそれを呼び出すさまざまな手段も案出されてはいる。しかし現代の人間が手中にしている知の蓄積の総体にくらべれば、一人ひとりの人間が知っており、また知りうる知の量は、どれほど努力しようと、いかなる手段を講じようと、きわめてわずかなものに留まらざるをえない。知の集積の膨大さを知らない者ならいざ知らず、その膨大さを痛切に知っている者は、逆にその裏で、その莫大な知の集積にくらべれば、自分自身は致命的なまでに無知であることを痛感せざるをえない。昔とくらべものにならない量の知を手中にした現代の人間が、しかし現実に生きる一人ひとりとしては、自分が致命的なほどに無知であることを思い知らざるをえないというのが、われわれの立たされている知的状況である。

二

そのようなわれわれの知的状況を誠実に受けとめるなら、われわれはもはや、自分はあることを知っている、などと簡単には言えなくなっているのだといえよう。たとえば人間についても、その遺伝子的な構造は知ってはいても、その社会的メカニズムには一向に気づいていないかもしれないし、経済的メカニズムに通じていても、その心理的メカニズムには無知であることもある。自分が知っている一つ一つの現象の背後には、考慮しなければならないのに、まだ自分が気づいてもいない、あるいは思いも及ばないさまざまな側面が隠されており、そしてそれについてもすでに大量の知が蓄積されているのに、自分はまだそのことにはまったくの無知同然であるということもありうる。

一に述べたように、現代における知の集積が膨大なものになればなるほど、そしてそのことを痛切に知れば知るほど、今日入手可能なそういう知の総体に引きくらべて、一人ひとりの具体的人間としてのわれわれ自身が手中にし得ている知は、絶望的なほどにわずかなものにすぎないことを痛切に感ぜざるをえなくなる。あることについて自分がきわめてわずかは知っているとしても、その裏には、自分のまだ知らない多くの重要な側面が隠れていて、そしてそれに関してもすでに莫大な知見が集積されており、したがってそれを知らなければ、とてもそのことについて誠実に語ることなどできないのではないか、という不安につねにつきまとわれざるをえない、というのがわれわれの現状なのではないか。それを押し殺していろいろなことを語りながらも、しかしその裏側にこうした不安を抱えざるをえないのが、現代のわれわれの誠実な知のありようなのではなかろうか。

こうした現代の知的状況を前に、ラーナーは〈知的な忍耐〉の必要性を語っている。こういう状況で、各人ができるかぎり多面的な教養を求めて努力することも必要だろうし、また学際的な協力のなかで、自分に足りない部分を補完することもできようし、最新の情報技術を駆使して、多量の知識や情報をかき集め、あるいは引き出すこともできるだろう。しかしそうすることで、すでに述べたような、現代のわれわれが置かれている知的状況そのものが、根本的に変わるわけではない。われわれは依然として、否ますます、現代の人間が手中にした知の膨大な蓄積に引きくらべて、自分自身の側の絶望的な無知の意識と、それに伴なう不安とをまぬかれることはできない。それは現代の人間が手にし得た知の莫大な集積に対して、われわれが支払わざるをえない対価である。そのことを認め、かつ承認する勇気をもたなければならないと、ラーナーは主張する。

今日われわれが立たされているこうした知的状況に眼を蔽い、眼の前にある莫大な知の集積に眼をそむけ、だからこそそれにくらべての自分の絶望的な無知に気づくことも悩むこともなく、自分の手にしているわずかな知を、あたりかまわず無邪気に振りかざして満足し、何らはばかるところがないというのでは、今という時を責任的に生きているとはいえないだろう。われわれは、自分たちが今立たされている知的状況を承認し、それに比しての自らの無知を、痛切な痛みをもって経験し、自覚しながら、しかしそこで絶望して知を諦めてしまうのではなくて、それにもかかわらず、その状況を知的に耐える、そういう

〈知的な忍耐〉こそが、今のわれわれに必要なことなのではないかというのである。

三

さらに加えて別の意味でも、われわれの立たされている場は、かつての人間が置かれていたのとはきわめて異なる状況にあるといわなければならない。

H・ヨーナスによれば（『責任という原理』）、現代のテクノロジーは、その未曾有の力によって、その規模、その対象、その結果において、かつての技術とは本質的に異なるものとなった。たしかに人間の技術というものは、そもそものはじめから、人間が自然に対抗し、何らかのかたちで自然の領域に介入して改造を加え、それによって自分たちの必要に応えようとするものであった。しかしかつての人間は、自然の力に比べれば自分たちの技術の力はくらべものにならぬほど小さく、それを凌駕することなどありえない、人間がいかに技術の力をふるおうと、依然として自然は根本的に不変であると認めることができていた。人間が作り上げた文明は転変し、消滅して行くが、自然そのものは本質的に変わることはない。人間の能力と責任が及ぶ範囲は、人間が作り上げた人工の世界にとどまるのであって、自然そのものは人間の能力や責任の及ぶところではなかったのである。

しかしたとえばエコロジーの問題によって明らかになったように、現代のテクノロジーは、その強大な力で自然に介入し、その結果、自然そのものが人間の技術的介入によって根本的に傷つけられることがあり得るということになった。人間の行動は、人間の生命のみならず、地球上の全生命をも左右しかねない力をもつにいたった。人間の生命の人間にとっては、自然もまた人間の責任が及ぶところとなったといわなければならない。したがって現代の人術的介入の影響は日々積み重なって、その累積の結果として、後代の人間の前に残される自然は、もはや前代の人間にとっての自然とは異なるものとなって行く。自然はもはやかつてのように不変ではなく、技術的介入によって傷つけられ、変貌し得るものとなった。

その結果としてわれわれは、未だこの世に存在しない後代の人間たちに対しても、その傷つきうる自然をいかにして保全するのかという責任を負うことになったといえよう。かつてのように自然が根本的に不変であってくれるなら、たとえ今の時代に少しの過ちや失敗があったとしても、やがて自然がそれを修復し、もとに戻してくれて、後代はまたあらためてそこからやり直すこともできたであろう。しかし現代の技術的介入の過ちは、自然そのものの改変をもたらし、後代があらためてやり直す可能性そのものをも奪いかねない。われわれはきわめてリアルなかたちで、未だ存在しない後の世代に対しても責任を有することになったといえよう。

しかもその強大な力をもつテクノロジーは、現代においては、個人が生み出し、その個人によってコントロールが可能であるような個人的な産物ではなく、無数の人間がかかわって、共同で開発し、共同で操作し、動かして行く技術である。したがってその制御は個々人には不可能であり、したがって個人的な意思にもとづいた責任などでは、とても対処できない事態となったのである。

われわれはもはや、個々人が自分の善き意思にもとづいて、「よく考え、よく生きよう」とするだけではすまないところに立たされているといえよう。現代の人間がおかれたこうした状況の認識に立って、H・ヨーナスは、〈責任という原理〉を基礎にすえるべきだと主張する。ただし彼のいう責任は、たんに個人的な良心にもとづくだけの責任にはとどまりえない。自然そのものをも責任の対象とし、未だ存在しない未来の世代に対しても責任を負い、しかも共同の産物であるがゆえに、個人によるコントロールの不可能な現代のテクノロジーを見すえた上での責任である。そのような〈責任〉ということを原理にすえて、すべてを問いなおすことが現代の緊急の課題だとするのである。

そうだとすれば、われわれはもはや、すべての人がもっているはずの良識にたよっているわけにはいかない。東海村の臨界事故に見られるように、〈臨界〉ということすら知らない現業員も、共同の産物である巨大なテクノロジーの現場に組み込まれざるをえない。そしてその人の操作が、かつてとは異なって、場合によっては、広大な範囲の人々に、自然そのものに、そしてさらに遥かな未来に生まれてくるまだ見ぬ後代の人間にまで影響を及ぼしかねないのである。先に述べたような〈責任〉を考えるならば、各自が具えている良識などではもはやことは済まない。現代の人間には、自らのかかわる行動がもつにいたった、広範囲にわたり、かつ長いタイムスパンをもつ規模に見合うような、広大な〈知〉をもつことが不可欠となるはずである。あるいは少なくとも、その必要な知の広大さに眼を見開いて、それにくらべての自分の無知に対する痛切な自覚をつねに自らに携えていることが、今の状況のもとでは不可欠であるといわなければならない。こうした意味においても〈知的な忍耐〉が、現代に生きるわれわれには求められているといえよう。

四

こうした知的状況のなかで、われわれ一人ひとりは、生きて、行動することを求められる。しかしそのためには、そのつどいろいろなかたちで、何ほどか自らで決断することが必要となる。

決断というものは、ある一定の知や認識から直線的に引き出せるものではない。ある知や認識に基づいて、そうすることには百パーセント誤りはない、他の選択肢はあり得ないと言い切れるのであれば、そのときには決断というものは不要である。しかしわれわれが現実に生きて出会う問題は、それが重大な問題であればあるほど、それに対して、どの点から見ても、未来永劫に、絶対に誤りがないなどという答えはない。われわれはそのつど何らかの知や認識に支えられながら判断をするのではあるが、しかしもっとほかの理由や根拠にもとづいて判断すれば、別の決断の方がいいのかもしれないという可能性をつねにはらみながら、いずれか一方に決断をせざるをえないのである。

しかし現代の知的状況を考えると、今日われわれは、この点でもさらに困難な状況に立たされているといえる。膨大な知の集積を痛感すればするほど、自分の決断をまがりなりにも支えてくれるはずの知見が、現代においては莫大に集積されているのに、自分自身はそのうちのきわめてわずかなことしか知らないのではないかという不安を抱えたままで、決断へと迫られることにならざるをえないからである。

そしてテクノロジーの進展は、延命の問題のように、かつてはいかなる選択の余地もなく、したがって判断も決断も及ばなかった〈死〉というものについても、少なくとも部分的には選択の余地を生み出し、そのことがわれわれの決断を迫ることになった。出生前診断のように〈誕生〉に対しても選択の余地が生み出され、また心理的制御や遺伝子操作などなど、さまざまなかたちで選択の可能性が生み出され、そしてそれらがわれわれに決断を迫るものとなったのである。

しかも、すでに述べたような広がりをもった責任を伴ないながら、われわれはこういう選択と決断を迫られることになる。ところがそれを支えてくれるはずの知は、それが膨大なものになればなるほど、一人ひとりはそれを手中にしていないことを自ら痛切に自覚せざるを得ないという状況にある。にもかかわらず、〈自己決定権〉という美名のもとに、一人ひとりは、こういう状況に、まる裸の状態でさらされることにならざるをえない。

今日の知的状況において、そのきわめて多面的で莫大な知や認識を取りまとめる〈万能人〉も〈普遍学〉も望むべくもないのはたしかであろう。しかしまた一方で、一人一人の人間は、患者としてあるいは患者の家族として、その他さまざまな場面で、こうした状況のなかに、何の援護もなしに、いわば素手で、ひとり立たされ、さらされて、しかもそこで自己決定権の名のもとに、自分一人でそれらを無理にも取りまとめて、何らかの決断を下すことを強要されているというのが、現実であることもたしかなのである。

五

われわれをとりまくそういう知的な状況から眼をそらして心のありようを説くことも、またその知的状況から逃亡を図って、合理的な根拠をまったく欠いた、たんなる恣意的、主観的な態度決定に逃げ込むことも、こうした状況のなかで、援護もなしにまる裸で、ひとりで立たされている人間の問題に、ほんとうに応えることにはならないであろうし、また先に述べたような責任という観点からしても許されはしないであろう。もちろん決断は知から直接に引き出せるものではないし、しかもわれわれを取り巻く知の状況は、われわれの決断を支える根拠を一義的に与えるようなものとはほど遠いにしても、しかし現代に生きるわれわれの決断は、〈知からの逃亡〉においてではなく、〈知的な忍耐〉のなかで、耐えつつなされなければならないのではなかろうか。

ところが現実には、細分化された領域にかかわる知や情報は膨大に与えられるが、しかしそれらをどう結び、組み合わせるかの知恵は少しも与えられない。その意味で一人ひとりの人間は、そういう援護をまったく欠いて、いわば素手の状態で、その状況に一人直面させられているのである。そうであるとすれば、今、大学という場に求められるのは、莫大な知の集積ばかりではなく、さまざまな学問を共同して担う場を通じてそれらをいかに組み合わせ、結びつけて、一つの決断に作り上げるかを援護する知恵を生み出すことでもあるのではなかろうか。

キリスト教主義大学といっても、われわれのこうした知的状況とかかわりなしに、あるいはそれには眼をつぶって、それとは別のところで、心のありようを説いてみても、われわれ現代の人間が直面している問題にほんとうに応えることにはならないであろう。その状況を引きうける〈知的な忍耐〉のなかで、道を探るほかはないであろう。そしてすでに述べてきたところからも明らかなように、われわれの立たされている場は、キリスト教を一つの主義や原理としてふりまわし、それでことが済むという状況にはないであろう。むしろ知的な忍耐のなかで、そうした状況に一人で直面させられている人間を援護するべき知恵を探るところに、現代におかれたキリスト教主義大学の果たすべき重要な役割があるのではなかろうか。

六

〈キリスト教と文化研究センター〉の発足も、こうした問題意識に立つものであった。われわれの置かれた知の状況を見すえながら、しかしそこから逃亡を図るのではなく、知的な忍耐において、それを引きうけるなかで、道を探ろうとするものであった。しかしそのためにもまず、きわめて多面的な知の状況を学ぶ必要があるとして、〈ＲＣＣフォーラム〉は発足した。ただしそれも、ただ細分化された領域の知を得るためだけではなく、それを通して、それらをどう組み合わせ、結びつけて、一つの決断に作り上げるかを援護する知恵を探ろうとするものであった。

さまざまな知をいかに組み合わせ、結びつけて、一つの決断や行動を形成するかという問題は、現代においてはとりわけ、異なる領域の研究者が、何らかの具体的問題をめぐって、共同してガイドラインを作り上げようとする試みのなかで現実化する。しかしそれぞれに固有の相異なる方法や目標をもった領域のあいだで、そうやすやすと合意は形成されないであろう。それがたんに、異なる領域の専門家のあいだの妥協の産物で終わらないためには、それにかかわる者たちのあいだに、〈知的な忍耐〉をともなう対話が必要となるであろう。しかしその対話は、それぞれが、自分の手中にしている知がいかに正しくあり、正しく見えようとも、それにもかかわらず、それは同時にどこまでも莫大な知のごく一部に過ぎないという痛切な自覚に立ちながら、そのことに知的に耐えることではじめて可能となるのであろう。

キリスト教と科学との対話についても同じであろう。河合隼雄は（「対話の条件」岩波講座『宗教と科学』一　所収）、たんに〈宗教（家）〉と〈科学（者）〉とのあいだの対話ではなく、〈自分の心のなかの宗教家と科学者との対話〉について語る。科学的な知見から逃亡を図っておいて、そこからいくら科学との対話を試みてみても、妥協以外のものは生まれないであろう。自分自身のなかに何ほどかの科学者が存在し得て、それとの〈知的な忍耐〉をともなう対話としてはじめて、科学との対話も真に成り立つというべきではなかろうか。

ＲＣＣフォーラムは、キリスト教と文化研究センターの発足と同時にはじめられた。あわただしく立ち上げたばかりで、まだ方向も充分に定まらないなかで、センターの目指すべき方向性を探る意味をもこめながら始められたものであるが、そういう手探り状態にあるにもかかわらず、こころよくご講演をお引き受けいただき、それぞれに適切で示唆に富む問題提起をしていただいた各講師には、深甚の感謝の意を表しておきたい。またこのたび講演内容を刊行するに当たっては、三年にわたったプログラムを一書にまとめる必要上、とくに早い時期に講演をお願いした方々には、講演と出版とのあいだに大きな時日の開きが生まれてしまい、そのため少しでもアップトゥデイトなものにするために、出版に当たりわざわざ相当の加筆修正の手をわずらわせることにもなった。おわびとともに、あわせて深く感謝申し上げたい。

関西学院大学キリスト教と文化研究センター・初代センター長
関西学院大学名誉教授
林　忠良

目次

知的な忍耐　序にかえて……林　忠良　i

共感的管理からの脱出……森岡　正博　1

倫理の前にやるべきこと―科学から誌への転換……中村　桂子　39

動物と人間の接点―ゴリラの心をフィールド・ワークする……山極　寿一　63

あなたのいのちは今…?……95
―東南アジア・ヨーロッパ・アメリカの生活体験の中から―　木村　利人

XIX　生《ビオス》の奴隷からの解放―輝く命の明日に向けて……野村　祐之　127

XX　脳死臓器移植論議に見られる日本人の「個人」の始りと終りについての考え方……波平　恵美子　171

XXI　現代社会と科学技術……村上　陽一郎　203

あとがき……木ノ脇　悦郎　239

共感的管理からの脱出

森岡　正博

MASAHIRO MORIOKA

一九五八年高知県生まれ。

一九八八年東京大学大学院単位取得。

一九八九年国際日本文化研究センター助手を経て、現在、大阪府立大学総合科学部教授。

研究テーマは生命学、環境論、科学論、ジェンダー論、現代思想。

著書に『生命学への招待』（勁草書房）、『脳死の人』（福武文庫）、『意識通信』（筑摩書房）、『自分と向き合う「知」の方法』（PHP研究所）、『生命観を問いなおす』（ちくま新書）、共著に『「ささえあい」の人間学』（法蔵館）などがある。

ここ十年ほど私は生命倫理とか、エコロジーの問題とか、現代のテクノロジーの問題などについてずっと考えてきました。その中で、今の生命の問題、あるいは文明の問題の幅広さと奥深さが、見えてきたように思います。私が「生命学」という言葉を創ったのも、とりあえず無理矢理創ったんですけれども、単に医療の現場における倫理の問題とか、あるいは地球環境を考えた二酸化炭素の排出削減をどうするかという問題、もちろん、それらは大変重要な問題なのですが、そこだけに集中して考えていても問題の全体構造がよく分からないのではないかと思ったからなのです。とくに最近、神戸で猟奇的な事件が起きましたが、やはり現代日本社会における生命の問題の一つがああいう形をとって現れたというふうに感じてしまいます。

あるいは、最近私がずっと興味を持ってといいましょうか、単に興味を持っているだけ

ではなくて自分自身の問題として考えさせられている問題があります。それは、「トラウマ」「心的外傷」のことです。「心的外傷」とは、皆さんはもうご存知のように阪神大震災を機にかなり注目されてきた考え方、概念であります。つまり、生命の問題というのは、実は我々の心の問題と密接不可分であるということですね。そして、そういう心の問題と生命の問題というもの全体が、現代の文明の大きな流れのなかに組み込まれて様々な形を取り、様々に引き裂かれています。

先ほどの神戸の事件がありましたし、二、三年前にはオウムの事件がありました。あれもやはり現代におけるいのちの状況を、すごく分かりやすいといいましょうか、極度に典型的な形で我々の前に見せてくれたのではないだろうかと、そんなふうに思います。

生きることの息苦しさ

このような話を大きなところからしていきますと、本当にどのぐらい時間があっても足りませんので、まず二つの点にポイントを絞って喋ってみようと思います。一つは「管理」の問題です。管理社会の「管理」ですね。もう一つは「共感」の問題です。

まずその「管理」の問題。これは皆さん、どこかでずっと感じていらっしゃることだと思います。例えば文化人類学者の上田紀行さんは、管理社会の問題を文化人類学の方から訴え続けていて、私もかなり共感するような点が多いのですが、「我々は管理されている」というふうにみなどこかで思っている。これは私自身がそうです。私は、大学の助教授になってしまったので、職業上では管理する方です。でも、その管理する方の私が他の場所では管理されているわけですね。ですから、管理する者もまた管理され、それを管理する者もまた管理されているという「管理のネットワーク」のようなものが、日本中あらゆる所に染み渡り、そして、実は世界中に染み渡っているのではないか。そういうような形に今の現代文明というのは広がっているのではないかという気がします。

かつ、その管理の仕方が直線的、表面的、分かりやすい管理ではなくて、間接的、紆余曲折的、そして背後に隠れるような管理になっているのではないか。だから、我々は「管理されている」という風に感じていても、誰が、どのような仕方で今の私の生命や心を縛っているのかというのが非常に分かり難い。そこが分からないから、ひょっとしたら自分の一挙手一投足といいましょうか、一つ一つがわけの分からない回路を通って他の人を抑圧しているのではないか。つまり、自分が「管理されている」と思っているけれども、その私が自分の知らないあいだに他人を管理しているのかもしれない。そういうことが問題になるような社会に、徐々に入ってきているのではないかと思います。

そういうふうに考えてみますと、私もそうなんですが、何か息苦しいんですね。今生きていて何か息苦しい。けれども、何が満たされていないかがよく分からない。息苦しい原因が分からないという状況に、若い人たちも大人たちも取り込まれているのではないでしょうか。例えば、とりあえず食べる物はあるわけですよね。食料もあり住居もある。友達もとりあえずいたりする。学習したいんだったらする機会はあるし、娯楽も結構あります。けれども、何だろうこの苦しさは、この閉塞感は何だろう…と。

「この感じって何だろう」ということを歌とかポップスとか、そういう中で歌っている人というのが継続的におりまして、皆さん共感することが多いのではないかと思います。つまり、「この何ともいえない、この感じは何だろう」「満たされているのに、満たされていない」と。その答えを「これだ」と言えれば、それは解決なんですけれども、まだ私も答えは分かりません。でも、とにかく抑え込まれている。そして何か息苦しいわけですね。空気はいっぱいあるはずなのに息苦しい。これはいったい何だろうということです。

あともう一つは、これも多分関係している問題だと思いますが、「私のことを分ってもらえていないんじゃないか」というような感覚があるんですよね。これは皆さんどうですか？ つまり、友達とか家族でもいいですけれども、たしかに話をすることはできるし、言葉の意味は了解できるし、会話は続く。けれども何か分ってもらえていないんじゃないだろうかというような感じ。これっていったい何だろう。これは私にもあります。

どうしてこんなことが大きな問題になっているんだろうということですね。もちろん、このことに今すぐ私は答えを出せないけれども、それに関連して最近思うことがあります。それはもう一度言いますけれども「管理」の問題。つまり、我々は何かわけの分からないものによって「管理」されているのではないかというような漠然としたものです。芥川龍之介は「漠然とした不安」という理由で自殺しましたけれども、やはり漠然とした何か…。で、そういうことを考えるときに私の頭の中に浮かぶのが、「母なるものの管理」というものであります。

「管理」する母なるもの

日本文化は母性文化であって、日本社会は母性が支配する社会なんだということは文化論でずっと言われてきたわけなんですが、これは実はかなり根深い問題なのではないでしょうか。「母性の管理」ということに対応するものは「父性による管理」です。父性による管理のことは、専門用語では「Paternalism」という言葉で言われてきております。じゃあ母性による管理は何かということなんですけれども、これとの類推で「maternalism」という言葉もありますけれども、これは世界的にコンセンサスのある言葉ではまだないと思います。

この母性の管理のことを、最近かなり強烈に感じたことがありました。最近私は「不登校」というような問題にも若干興味を持っているんですけれども、それであるフリースクールのようなところへ行って、ちょっと話をしたことがあります。そこは不登校になった子どもたち、中学生・高校生たちが来るわけです。今は、中・高だけじゃなくて大学にも不登校があるんですね。そういう人も来ていました。

その時に色々ディスカッションをしたんですけれども、最後まで一言も喋らなかったある男性がいました。それで、後でそこの先生と色々喋っていたら、実はその男性のお母さんが毎日彼を送り迎えしているというんです。これ、どう思いますか？ 不登校のフリースクールにお母さんが毎日送り迎えをしている…。その時に保護者の方も何人かいらっしゃって、その彼の隣に座っていた女性がお母さんだったわけですが、これはいったい何なんだろう。これを見たときに何かを象徴的にあらわしているような気がしました。

そのお母さん、息子を不登校のフリースクールに送り迎えしているだけではなく、そこに来ている他の子どもたちのいろいろな面倒まで見てあげているんですね。私が思ったのは…もちろん私もそういう情報を聞いただけですから、これは非常に無責任な言い方になるわけで、それを承知の上で言いますと、このお母さんさえ何もしなければずいぶん違うんだろうなと思ったんです。私はその方々のLife Historyを知りませんし現場を知りませんから、これは非常に無責任な言い方です。けれども、そういうケースを目の前で見た時に、このお母さんさえ息子を放っておけば、ずいぶん違うだろうにと思うわけですよ。

例えば、逆の立場に立って考えたらどうでしょうか。自分が学校に行くのが嫌で、あるいは行きたいのに行けない状態になっている。でも、家にいるのも迷惑をかけるし、色々な問題を起こすかもしれないので、「フリースクールに行く」と言ったとします。その時にお母さんが「それは良いことね」と言って「じゃあ送ってあげる」と送ってきて、スクールでもずっと一緒に母の目で見ていられたら、どういう気持ちがするかということですよね。これは「母性管理」というものの典型的な、極限的な形をあらわしているわけです。

じゃあ、それに比べて「父性管理」というのはどういう面を持っているかということですが、今まで「Paternalism」というのは、こんなふうに考えられてきました。一言でいうと、父親が息子や娘のことを思っていろんなことをする、あるいはさせるということです。Paternalというのは親ということですけれども、まあ父親主義ということでしょうか。「お前のためを思って私が決める」というのがPaternalismですね。息子に向かって「お前の人生にとって一番良いのが○○大学に行くことだから、私がお前をそこにやらせる。そしてお金を出すから、お前はそこに行け」と。息子や娘が反抗しても「お前はまだ若いから将来のことが分っていないんだ。俺が言うことに従っていたら、今は分からないかもしれないけれど、大人になった時に絶対そのことを感謝するだろう。だから行け」というのがPaternalismです。

つまり「あなたの人生は私が一番知っているから私に任せておけ。それが結局あなたのために一番いいよ」というのが、Paternalismの典型的な形になるわけです。その特徴は「あんたの人生は私が決める」ということだけれども、もう一つの特徴は「なんでお前の人生を私が決めるのかというと、私がお前のことをほんとうに親身になって思っているから、人生経験の長い私が決めるんだ」という形を取っているわけです。「俺が偉いからお前は言うことを聞け」ということじゃなくて「あんたのことを思うからこうしなさい」というわけです。「あんたのことを思うから」というのがPaternalismの大事な点ですね。

Paternalismというのは、特に父親的な場合はまず指令的な形を取ります。指令的というのは「こうしなさい」ということです。「大学に行きなさい」あるいは「働きなさい」と、いろいろな指令がありますよね。そして、sanctionというものが想定されている。sanctionというのは罰みたいなものなんですけれども、「行かなかったらどうなるか分っているな」ということが言外に含められている。「俺に逆らったらどうなるか分っているな」ということです。

また、「非共感的」です。全く突き放すわけですね。「あんたのため、お前のためを思っている」とは言いつつも、その人の感情に寄り添っていって決めるという形ではなくて、わりと突き放して「私はわたし、お前はおまえ」という形をとります。あるいは、それと同じことですけれども「ルール志向的」であるということですね。「男たるものこうするべきだ」みたいな言い方で男の子に言うとか、あるいは「女の子でしょう。女の子だからそういうことはしてはいけない。こうしなさい」というように、社会にあるルールというものを参照するという形になると思います。

それがよく議論されてきたPaternalismですけれども、それに対して「母性管理」というのはどういう形を取るかというと、かなり違うわけです。まず、「母性管理」の場合は誘導的です。誘導的というのは、「あなたのことを私が決める」という点は同じなんだけれども、その時に「あなたは、あなたが本当にしたいことをしていればいいんだよ。何をしたいの?」という形を取るわけですよ。「あなたはどうしたいの?大学に行きたいの、それとも高校を出て働きたいの?あなたはどっちが本当はしたいの?あなたのした結果は私が支えてあげるから」という形を取るのだけれども、その実、答えは最初から決まっているわけです。

それはつまり、この母親的な管理主体は、その言った相手が「やっぱり大学に行く」と言うことを分かった上で、相手の主体性を聞いているわけですね。なぜ分かっているかというと、その問いを発するまでのプロセスにおいて「あなたは結局大学に行くのよ」ということをずっと子どもに洗脳し続けてきているからです。「あなたは大学に行くのよ」と洗脳し続けた挙げ句に、最後に「あなたは本当はどうしたいの？」と聞くわけです。形跡だけから見ると「あなたの自己決定に委ねる」という形を取っていますが、答えはあらかじめ決まっているわけです。言われた側にとっては、そこで形式的な自己決定を言われても、答えはもうそれまでのプロセスの中で分っているわけですよ。もしそこで「大学に行かない」と言ったときにいったい母親がどうするか、もう目に見えて分かるわけですね。多分すぐ泣くだろうとか、いろいろ分かるわけです。

この点でPaternalismとはずいぶん違う。Paternalismはもっと指令的です。だからそういうプロセスも何もなく突然「お前これをしろ」で終わりです。従うのか従わないのかということなんだけれども、母性管理の場合はプロセスでずっと誘導しておいて一つの答えしか出せないように巧妙に束縛した後で選択肢を出してくるわけです。非常に誘導的です。

もう一つ、自己犠牲的です。これは先ほどの例でも分かると思いますけれども「大学に行きたいのか、あるいは働きたいのか。どっちをした場合でも私はあなたの犠牲になるよ」という言い方をするわけですね。「犠牲になる」という言葉を使わなくても、暗に仄めかします。つまり、「あなたが大学に行くんだったら学費が必要だから、私はパートに出て働いてもあなたの思う通りにさせてあげたい」という言い方をします。これは自己犠牲ですよね。自己犠牲であるということを、言葉の裏で非常に強く言うわけです。言われた側はどういう気がするかというと、自分が大学に行くという決断を私がしたら、そのために辛いパートで働かせることになるわけですよね。はっきり負い目をおってしまうわけです。つまり、自己犠牲的な管理をするということは、相手に負い目をおわせるような管理をすることです。そうやって相手を縛っていくわけです。

また、共感ということでいえば、まさに「同情的共感」ですね。この点では、目の前の子どもなら子どもの感情に非常に寄り添う形で発話が行われます。「私はあなたの今の気持ちがわかる。あなたが今苦しいのは分かる。悩んでいるのは分かる。だから私も苦しし私も悩む」という形になるわけです。その点では父親的なものとは違いますね。父親的はもっとルール志向的ですから「男たるものは」「子どもたるものは」「大人たるものは」という発想になるけれども、母親的な方はそうなりません。「大人たるものは」といっても目の前の子どもの精神に、子どもとして寄り添うわけです。幾つになっても子どもは子どもです。そして「子どもの感情に自分は寄り添える」という裏には、はっきりとそういう自信があるわけです。

もう一つは局在的になります。「うちの子は」というやつです。「自分の子はこうだ」ということで、世間一般の子はどうかとか、子どもはこうあるべきだとかいうことは二の次で、うちの子がどうなのかという点に集中します。「うちの子はいま可哀相じゃないか」「うちの子はどうしたいのか」ということが非常に前面に出てくる形になります。その結果、子どもの自立と危険というものを奪っていくような形になります。送り迎えなんていうのは、そのうちの一つの顕れだけれども、母性的管理のうえではなるべく自立をしない形の方が気持ちが良いわけです。あるいは、なるべく危険に会わない方が良い。なぜなら、子どもが自立せずに、かつその子が危険に会わない時、もっとも母性的な支配が可能になるからです。危険に会うということは、母性的な支配の外から異物が介入してくるというわけですから。それをシャットアウトしたい。そういうような形を取ります。

内なる母性支配と結婚

社会全体のシステムの働き方として、今私が言ったような母性管理的な性質を持った支配が、徐々に広がってきているのではないだろうかという感じがするわけです。

例えば、家庭の中で実際の母親に母性管理をされて、それが嫌だと感じ、十八歳になって大学に入ることをきっかけに家を出ると、ようやく母親の母性管理から自立できたと思ったりするでしょう。ところが、その先に何が待っているかというと、自立できたはずなのに、結局今度は社会というシステムから母性管理を受けているのではないかということになるのです。つまり、それが我々を大人になってもずっと縛るのではないかということです。私はもう大人ですけれども、大人になった私をもやはり母性的な管理システムがかなり縛っているような気がします。

そもそも、家庭で受けた母性管理というのは、母親のもとから逃げ出したことによって解決するのでしょうか。ここに大きな問題があります。というのは、家庭の中で母親的な母性管理のもと十八年間とか過ごした人は、特に男の子の場合―女の子もそうだと思いますけれども―、成人したり恋人ができて家を離れていくわけですが、家を離れることによって本当に家庭の母性管理の世界から抜けられるのかと言えば、実は全然そうではない。なぜかというと、母性というものの支配、影響力は我々の内面を縛っていくからです。

例えば、経済的に親の世話になるという形で管理されているだけのことならば、将来自立して自分で稼ぐようになれば、それで親の管理は終るわけですね。住居とかもそうです。親の家に住んでいるとしても、将来自分で稼いで自分のアパートを持てばそこからは解放されます。ところが、そうやって解放されていった先に最後まで残るものこそが内面の支配です。十何年間、それこそずっと支配され管理され内面を縛られて、それによって自分のパーソナリティーが形成されてきたわけですね。我々のパーソナリティーが、母性管理の鋳型に沿った形で形成されているので、実際の母親の元を去ったあとでも、パーソナリティーはそのままです。つまり、そこから出ていったあと我々は自分との闘いをしなくてはならなくなる。つまり内なる母性管理との闘いというものを、あと十何年間ぐらい続けていかなくてはならない。

その闘いを怠ると、そういう自分…母性管理のもとでパーソナリティを創っていった自分というものを見なくていいようなシステムに自分を嵌めていくことになります。そのシステムが何かというと、私はそれが「結婚」ということではないかと思うわけです。つまり、自分の中の「内なる母性の支配」というものに対決することを止めることのできる装置の一つが「結婚」ではないかと思うのです。

一番わかりやすい例からいいますと—これからの話は男の子のことを想定してします。私は女の子のことはまだよく分からないので—男の子のことならよく分かります。

男の子は結婚する時どういう女の人を選びますか？ 一つのパターンは母親と非常に似た女の人を選ぶんですね。これは結婚されている方や今恋人と付き合っている人は、自分の彼女のことをちょっと考えてみると分かると思うんですが、どこかで母親と似ていたりするわけですよ。それはいったい何を意味しているのかというと、母親の支配によって形作られた自分のパーソナリティーを、そのままそっくりのかたちで包み込んでくれる人を、もう一度求めていくことになるわけです。

これが男の子にとっての「結婚」の一つの意味です。つまり、こうすることによって再びこの人は母親の子宮の中に戻れたわけですね。で、何も変わらなくていい。最近、若い男の子に、年上の人と結婚したい願望が本当に強まっておりまして、実例もかなりいっぱいあるんですよ。十歳以上とか…私の知っている中でも何回あったか。これから、その意味で年上の女性には大きなチャンスがいっぱい出てくるわけですが…。でも、その場合に共犯関係に入っていくわけですね。逆に言うと、女性の側にとっても共犯関係なんですよ。母性傾向の強い自我を持っている女の人にとって、ここに嵌まってくれる男というのは非常にラッキーなわけです。

二番目に、ここからが少しややこしいといいましょうか、複雑な話になってきますけれども、結婚して家庭生活を持つ中で、母からの管理によって形成されたパーソナリティーを温存していた場合に何が起きるかということですけれども、私は、妻への暴力ということが起きていくのではないかと見ています。

今、家庭内暴力というのがだんだん大きな問題になってきています。これは昔からずっとあるんですけれども、最近までは、夫による妻への暴力というのは語るべき問題としてあまり考えられてきませんでした。しかし、家庭内における妻への暴力や、あるいは子どもに対する性的暴力などをフェミニズムは社会問題として提起してきたわけです。

それでは、何故夫が暴力をふるうのかということですよね。何故夫がそんなに妻を支配しようとするのか、あるいは子どもを支配しようとするのか。自分の言いなりにならないといっては殴り、酒を飲んでむしゃくしゃすると言っては殴り、あるいはお金を渡さない。妻が外に出ていけば無理やり連れ戻す。なぜそういうことをするのか。

その一つの理由は、まさに「復讐」だと思うんですよ。何への復讐かというと母親への復讐です。つまり、自分を十何年間縛ってきた、誘導して縛ってきたわけですよね。「本当にあなたのしたいのは何なの」と言いつつ、実は答えがあらかじめ用意されているという形でずっと十何年間縛ってきた。そして息子は爆発することを常に抑えられ…ずっとそうやって抑えられてきて、結果的には母親の言いなりになる。でも母親は自己犠牲的だから、母親に向かって拳を振り上げること自体が禁じられている。「母親を殴りたいけど殴れない」という屈折したエネルギーが、心の底にむちゃくちゃたくさんたまっている。そういうパーソナリティーを持った男が結婚した時、初めてそうではない…母親に似ているけれども、自分を支配しているのではない女の人というものに出会うわけです。そこで始まるのは復讐です。母親が自分を縛ったのと同じ手法で、あるいはそれを逆手に取った手法で妻に復讐する、あるいは子どもに復讐していくということが始まるのではないか。

三番目の点、それは、結婚したら子どもができるわけですが、子どもができた時にどうするかということです。これがまた非常に難しいというか、何とも言えないところです。例えば、ある男が子供時代に母親から支配を受けていたとします。じゃあなぜ母親から支配を受けていたかということなんですが、その原因の一つは「父親の不在」です。父親が家にいなかった。家庭の中に父親の権威がない。学校から家に帰るとお母さんがいるわけですね。お父さんは週末も帰ってこないし仕事も遅い。だからずっと母親と一緒にいる。そこから母親による子どもの支配が始まっていくわけで、基本的に「父親の不在」と「母親の権力の充満」ということが家庭の中で表裏一体となっています。

そういう色々なトラウマといいましょうか、心的な背景を背負ってパーソナリティーが形成されていった男が結婚して子どもができた時にどうするか。一つのパターンとして、自分が受けた同じ状況を再演してしまうということがあります。これは精神医学でいう「反復強迫」みたいな概念に近いと思うわけですが、何故かわからないけれども繰り返してしまうんですね。自分がトラウマを負った状況を繰り返してしまう。これは精神分析や精神医学の方ではよく言われることなんです。たとえば幼児期に性的虐待を受けた子どもというのは、成長の過程において幼児期に受けた性的虐待と同じsituationをなぜか繰り返してしまうという臨床例が結構あります。

これは、トラウマを受けた時で時間が止まっていて、いつもそこに帰ろうとして反復しているのではないかというのが一つの解釈ですけれども、それとある意味では非常に似ていることが起きます。つまり、父親不在で母親の支配の下で育った男の子は、結婚して子どもができた時に父親不在になるということです。自分が家庭に帰れなくなる。これは一種の反復ではないかと私は思っています。再演といってもいいでしょう。すると、その人の子どもが男の子だった場合、もう一回同じことが繰り返されていくわけですね。その子と母親が母子密着になり、その子が母親の管理を家庭内で受けていくということが反復されていく。

だから、家庭内での母親の管理がいつ終わるかということを考えますと、それは管理から子どもが逃げたことで終わるのではなくて、むしろその母親の管理から出た後で、母親の鋳型によって創られた自分のパーソナリティーときっちり長い時間をかけて対決してその結果、自己が変容したときだ、と言えると思います。それをしない限り、様々な反復の過程に入っていって、同じものを再生産していくのではないか、現にそうなっているのではないかと思うのです。

母性管理がもたらすトラウマ

パーソナリティーの話で言いますと、母親から「調教（という言葉が一番いいと思います）」された子どもが一体どういう内面を持つか、どういう精神というか、人格になるかということです。例えば、こういうことがあるのではないでしょうか。自分の心の深いところに、お母さんに対するある感情が、ずっと滞ったまま残存しているわけですね。それが色々なふうに変形して、大人になってからの対人関係を規定し、影響を与えてしまうということです。

その感情の一つを言いましょうか。それは「お母さん、泣かないで」というやつなんですよ。これは私自身の中にもあります。皆さんの中にないですか？ なぜこういうものができるかというと、はっきり分かるのは、母親が泣くことによって私を管理したからですね。さっき言いましたように、反抗しようとすると泣くんですよ。泣くと反抗できないんですね。子どもの場合だと振り上げた拳をどこへも下ろせない、泣いている母親に向かっては下ろせません。母親というのは反抗した時に泣きます。泣いた後にまだおさまらないと、「あなたのような子どもを産んだ覚えはなかった」と、あるいは「私の育て方が間違っていた」と、多分このどちらかを言います。さっきも言いましたけれども、非常に自己犠牲的、自虐的な言い方をするわけですね。そう言った母親に向けて、振り上げた拳を振り下ろせる男の子というのは、よっぽど変わった子です。普通はもう振り下ろせません。振り上げた拳はそこでそのまま止まっているんです。止まったまま心は大人になっていくわけです。

そこで振り上げた拳を止めることができず、かつ母親に向かって殴ることもできなかった子はどうするか…自分を傷つけるわけですね。自傷行為です。それには色々な形があると思います。例えばバイクに乗ってぶっ飛ばすとか、危険なことをわざとする。あるいはシンナーを吸うとか、自分の身体を傷つける結果になるということが分かりきっている自傷行為に、男の子は走るでしょう。女の子はまた別の出方をすると思います。

だから、その「お母さん泣かないで」が、大人になってからの人間関係に常にフラッシュバックとなって出てきます。例えば恋愛とかいう場面で、かなり男の人は苦しみますね。どういうふうに苦しむかというと、自分に愛情をかけてくれる人を悲しませてはいけないという強迫観念になってきます。なぜか。それは泣かせたくないからです。自分に愛情をかけてくれている女の人が目の前で泣いたとき、かつて母に泣かれて振り上げた拳をどこにも下ろされなかった自分がフラッシュバックしてくるわけです。

そういう強迫観念の下で対人関係をやっていこうとすると、感情表現ができなくなってきます。私のことを思ってくれる人を泣かせてはいけない。でも私がいろんなことを言うことで泣くかもしれない。どういうことを言った時に愛情をかけてくれる人が泣くかというと、多分一つはこちらが良い子じゃなくなった時で、もう一つは何かの否定的な感情表現をしたときです。怒りとか、たとえば「それは違う」と言うとか。そのときに相手は泣くかもしれない。だから、「愛情をかけてくれる人には良い子として振る舞わなくてはいけない」そして「愛情をかけてくれる人には率直な感情を言えない」ということになるわけです。率直な感情を言えないとしだいに感情表現それ自体をしなくなります。「イエス」「ノー」でしか言わなくなる。あるいは、相手が感情表現したときに冷たい反応しかできなくなる。そのうちに、本当に感情表現ができなくなってきます。あるいは、感情表現のコミュニケーションができなくて、すぐ暴力を振るうとか、スッと立ち去るとか、自分を閉ざすということになってきます。

さらにもう一つ、内側にでてくる感情があります。さっきは「お母さん泣かないで」でしたよね。もう一つあるのは「お母さん、怒らないで」です。これは分かり易いですね。母親は小さい子どもに対して怒るということで対処します。普通泣く前に怒るんです。ワーッと怒りますよね。その時に子どもって、力も母親よりも弱いし言葉でどうすることもできないから、硬直してしまうわけですよ。それでずっと支配されてきていると、「お母さん、怒らないで」という感情が心の基盤にできる。それをずっと大人まで持ち越すとどうなるかというと、どこかでいつもビクビクしているわけですね。

そして、さっきの「泣く場合」と同様、自分のことを思ってくれたり、大切にしてくれたり、自分に愛情をかけてくれている人に対してビクビクしてしまうということになっていくわけです。「自分は相手を怒らせるのじゃないだろうか」といつもビクビクしている。だから、相手が「怒るかもしれない」という予感があった瞬間に萎縮してしまうんですね。萎縮して何も言えなくなる。あるいは、「本当はこれを言わなきゃ」と思っていても、「怒られるかもしれない」と思った瞬間に嘘を言うという回路ができてしまいます。本当のことを言うべきだと思っても、言うと相手が怒るかもしれないと思った瞬間に「お母さん、怒らないで」がフラッシュバックして、怒らせてはいけないから嘘を言っておこう、あるいは嘘でごまかしておこうという反応になります。こういう反応に対して、「なぜそんなことで嘘をつくの」と聞かれても、その答えは、「自分がその人に愛されているから」なんです。どうでもいい他人なら何でも言えるわけですね。愛してくれている人が怒ってほしくないということです。もちろん父親だって怒ります。しかし母親は怒ったあとに、さらに泣くという切り札が残されている。子どもは、「怒る母親」の背後に「泣く母親」の姿を透かし見ているのですよ。その分だけ、より一層硬直する。

アダルトチルドレンと「アダルトチルドレン論」

そういうものが自分の思考回路や行動パターンを決めてくるとすると、そのような精神を持った人は色々な意味で、非常に生き難い人生を送ることになると思います。それはどうしてかというと、社会での人間関係は問題ないし、友人関係もいいんだけれども、愛情関係というのが持てなくなるんですね。持てなくなるというか、非常に厳しくなるわけです。なぜなら、愛情関係が始まった途端に今言ったフラッシュバックがはじまってきて、感情を出せなくなる、あるいはいつもビクビクしているということになっていくからです。こうして、愛情関係を避けるようになるというのが一つのパターンだと思います。「愛情関係はいらない」「愛情関係なしの社会を生きていければいい」ということになるのです。

問題は、ではそれを生き難いと思った時にどうすればいいのかということです。こういった対人関係の問題や愛情に関する問題にどこかで気が付いている人は、まず自分の親との関係をきっちり思い出してみる、「自分の場合はどうだったんだろうか」と思い出してみることが非常に役に立つと思います。私自身の場合もいろんな問題を抱え続けております。今私が言ったことは全部私自身が抱えている問題だし、抱えていた問題です。

物事を変えていくには、あるいは自分を変えていくためには、まず何故自分がそういう状況におかれているのかということを知ることが非常に大きな武器になります。その原因かもしれないものを探っていき、知るということ。知った上で、自分がどうしていけばいいかということを考えた方が、何も知らずにとりあえず対症療法的に考えるよりもずっと有益だと私は思います。

最近「アダルトチルドレン」ということばが日本でも流行っております。過去の親との関係が今の自分のいろんな問題を産み出しているということへの気付きがあるという意味では、「アダルトチルドレン」の考え方はいいと思うんです。ただ、問題の一つは、世俗的な「アダルトチルドレン論」つまり、今の自分が生き難かったり、あるいは人間関係がうまくいかないのは、全て親との関係のせいだというふうな考え方が広まっているところなんです。

つまり、アダルトチルドレン論が世俗化し大衆化したことによって、本来の意図から離れた形の「アダルトチルドレン論」が流布しております。「今の自分が悪いのは全て親が悪かったんだ」すなわち「親がアル中だった」とか「親が私に暴力を振るった」からだという話ですね。「だから親が悪いんだ」というふうな受容のされ方が一部で始まっておりまして、これは非常にまずいわけです。

なぜなら、そういうふうに考えてしまうと、「今私の人生を生きているのは私だから私が責任を持って私を変えていかなければならない」ということに目隠しがされていくからです。「全て親が悪かったんだから、全部あいつのせいだ」と言うなかで癒しを感じたり、責任転嫁をして気持ちが良くなったり安心したりすることをずっと続けていく危険性がある。そういうことをしている限り「私」は変わりません。「親が悪い」といつまでも言っている限り「私」は変わらないんですよ。ここに、今の時代の大きな問題があります。もう一度言いますと、親との関係が原因の一つであることを知るのは非常に大切なことですが、知った後で、やはり自分の人生を変えていくのは「この私」であって「親」ではないということに、その次のステップで気が付いていくことが非常に重要なのです。

私は、世俗化したアダルトチルドレン論を「こんな私に誰がした論」だと言っています。それは、最初のステップとしてはいいと思います。たしかに「こんな私に誰がした」というのは一面の真理をついている。そこで初めて自分のことを自己肯定できたり、「そうか、自分が生き難かったのは自分のせいではなかったんだ」と思うことで、「ああ、私は生きていていいんだ」というふうに思えたりすることはある。それはとても大事なことです。例えば、それまで自分のことを責めまくって、「私が悪いんだ」「なんで私はこうなんだろう」「私はバカだったんだ、生きていく価値がないんだ」と思っていた人が、「あいつのせいだったのか」と思うことで安心したり、世界の見え方が変わるということはあります。

ただし、その次のステップで、「それはそうなんだけれども、やはりこれからの人生を生きていくのは私だし、そういうパーソナリティーを担っているのは私。その私が自分のどうしようもないパーソナリティーを背負いつつ、自己責任において変わっていく。自分のパーソナリティーを変えていき、自分の人生の進路を変えていく」と決意することが必要なのです。そこがポイントなんです。それを忘れてはいけない。つまり自己責任で立ち上がるということを視野に入れないアダルトチルドレン論というのは、ない方がよいと私は思います。はっきり私はそう思います。

もちろん、最初から自己責任を押し付けるのはまた問題で、よけい苦しめて死にまで追いやってしまうだけかもしれない。まさにそこが非常に微妙なわけです。難しい心の問題を我々一人ひとりが自分の問題としてどうやって引き受けていけばいいか、あるいはグシャグシャになって悩んでいる人が目の前にいた時に、我々はどう関わればいいのかというあたりが、非常に現代的な問題として立ち現れているのではないかと思います。

「共感」が持つ疎外性

例えば、目の前に、苦しんでぐじゃぐじゃになっている人がいたときに、スッと通り過ぎてしまう人もいるわけですよね。「俺に関係がない」と。今の世の中は見かけ上はそういう人がほとんどかもしれない。けれどもけっこう手を差し伸べちゃう人もいるわけです。いったい何故手を差し伸べるのだろう。「いてもたってもいられなかった」という私の友人がおりますけれども、やはり目の前で苦しんでいる人を見たときに思わず手がでてしまうという感情を我々は持っている。これは疑えない事実のような気がします。

ただ、目の前にいる人を可哀相だと思って「かわいそう、かわいそう」と言いながら手を差し伸べることは、実はかなり大きな問題を生み出します。同情に基づいた援助というものは大きな過ちをおかす可能性があるからです。例えば、障害者のボランティアをされている方でも「障害を持っている。なんて可哀相なんだろう。あなたのために何とかしてあげたい」と言う人がいるわけです。もちろん今は介護とか援助の人手が足りませんからそれでいいのかもしれないけれども、逆の立場になって、自分のことを「可哀相」だと言われて哀れみの目で見られて、涙を流しながらいつも自分の世話をされたら、いったいどういう気持ちになるかということですね。

神戸の震災の時にボランティアの方がかなり集まりまして、それは非常にすごいことだと思ったんですけれども、ボランティアを受けている側が「あんた、何のために来ているの」というふうな感じをもつ場合があったとのことです。つまり、「あんた自分の心の問題を解決するためにボランティアに来たんじゃないか」と言いたくなるようなボランティアがいるわけです。ボランティアする側からいえば、自分の中に解決したい心の問題があって、それを解決するために、震災があったりするとワッとボランティアに行って「あそこでボランティアすることによって私は変われるのかもしれない。新たな自分に生まれ変われるのかもしれない」と思って行く人がいるんです。

もちろん、ボランティアの人手はそういう場所では絶対必要ですから、それはそれでいいのかもしれない。ボランティアの援助を受けていて、「この人、自分の心の問題を解決するために私のことを世話してくれているんだな」と思い始めた人はどういう気持ちを持つかということです。おそらく、色々な感情を持ったとしても、黙って世話をしてもらう人がほとんどだと思います。けれども、時々それがいろんな問題になって表面化することがありますね。例えば「私はあんたの道具じゃないんだよ」ということです。「私が今こんな状況にあって、それは悲惨なことであり自分の力で立てないかもしれないけれども、私はあなたの心の問題を解決するための道具じゃないよ」と言いたくなる。

ここもまた非常に微妙な問題です。こういうことを抱え込みながら援助というのはずっと進んでいくものなのかもしれません。しかしながら、先ほどの「あなたが可哀相」とか「あなたの苦しみは本当に分かる」というような言い方ですと「あんた、なんで私の苦しみが分かるの？　経験してもないくせに」という思いが湧いてくるわけですよ。でもそれを言うと喧嘩になるからじっと黙っているのかもしれない。

たとえば、従軍慰安婦の問題というのがありますね。従軍慰安婦というのは日本側、男性側からの言い方で、彼女たちからいえば日本軍性奴隷という言い方になるわけですけれども。日本の女性団体や反戦団体の人たちが従軍慰安婦問題の解決をサポートする市民の運動をやっているわけです。それは非常に大事なことですが、慰安婦の人たちから直接に語られることはないけれども、そこに潜んでいるかもしれない一つの問題というのは、日本のフェミニズムの女性たちが「男とか国家によって虐げられた同じ女として連帯しよう」というふうに慰安婦の女性たちに言いに行くことがあったわけですね。慰安婦の女性たちは表だっては言わないけれども、「従軍性奴隷としてレイプされ続けたこともないあなたとどういう意味で連帯ができるのか」という難しい問題が潜んでいるかもしれないのです。

うちの学生にも慰安婦の問題で卒論を書く人もいるし、若い人で結構関心のある人もいる。彼女たちは女として、あるいはフェミニズムの視点から何とかサポートしなくてはいけないし、考えなければいけないということで関心を持つんだけれども、そのときに、慰安婦の問題に向き合う「私」とはいったいどういう私なのか、というところに直面してしまっている人たちがいるんですよ。戦争に行ったこともない、レイプされたこともない。性奴隷、売春をしたこともさせられたこともない私が、女であるというだけで、どうして慰安婦の人たちと連帯できるのかという悩みに、非常に早い時点からぶつかってしまう女性たちがおります。初期の段階からその問題にぶつかってしまうということは、非常にナイーブなわけですね。とてもナイーブだけど、私はそれを非常に肯定的にとらえていま す。そういうことを考えずに「同じ女だから連帯できる」ということで動こうとしている人たちよりは、私は肯定的に受け止めています。

そういうと、今カチンときている人がいるかもしれないので、同時に言っておきますけれども、逆にそういうことを聞いた私、つまり慰安婦について考えたり喋ったりする男である私は何者なのかということを同時に考えなくてはいけないわけです。日本の戦後に生まれた男として、私はどういう資格で誰としてこの問題を語るのかということが、今私自身に突きつけられている問題であるということを自覚しています。それを今ここで付け加えておきます。

在日の女性の方で、「朝鮮人でもなく、レイプされたこともないあなたがどういう資格で慰安婦の人と連帯しようなんていうことをぬけぬけと書けるのか」ということを書いておられる方もいます。連帯、あるいは共感がそもそも可能なのかということに悩まなくてはいけない世界に、我々は住んでいるのです。

皆さんにもぜひ読んでいただきたいんですけれども、岡真理さんという方が『現代思想』

一九九七年九月号の「教科書問題特集」の中で、この問題にこだわって、非常に衝撃的というか、インパクトが強い論文を書かれています（岡真理「Becoming a witness」）。その中で、彼女は、今私が言ったような問題を突きつけられた時に「日本に住んでいる私というのは徹底して無力である。徹底して無力であるというところを突き詰めるところからしか出口は開かないんだ」ということを結論として言っています。もちろん、これは彼女の最終的な結論ではなくて、その方角で考えない限りどうしようもないということを示した論文ですけれども、ここは非常に鋭いというか、今本当に考えなくてはいけない問題が示されていると思うんです。

語り得ないことの記念碑

私は、大学のゼミで、ジュディス・ハーマンの『心的外傷と回復』（みすず書房）という本を読んでいるんですけれども、この本では、先ほど言ったレイプとか家庭内暴力に起因するトラウマとそこからの回復を扱っていて、同時に戦争後症候群というか、ベトナム戦争から帰ってきた兵士たちの持つトラウマについても同時に議論されています。

ベトナム戦争からの帰還兵について、こういうようなことを彼女は書いています。ベトナムから帰ってきた帰還兵たちは、やっぱりあいうわけの分からない戦争をして、結局負けたわけだし、最後のほうは何のために戦争をしているのか、戦う側のアメリカの上層部もよく分からなくなっているような、そんな状況で終結しました。だから、米国の対応も、湾岸戦争でフセインをたたいて帰ってきたのをみんなでワーッと迎えるというのとはまたちょっと違っていたわけですね。つまり、最初は正義の戦争だと思っていたけれども、いまはベトナム戦争に対する評価が割れている。そんな中でベトナム帰還兵はやっぱりトラウマを抱えているわけです。「自分たちは何のために人殺しをしたのか」と。また、自分たちの戦友がいっぱい死んでいますから、「なんで自分たちの戦友が死んだんだ」という大きなトラウマを抱えているわけですね。

その時に彼らはまずこういう主張をします。帰って来た時にきちんと自分たちを認めてくれ。アメリカのために、正義のために戦ったんだと認めてくれ。そのためにパレードをやってくれと。あるいは記念碑を建てて死んだ人たちのために「君たちはアメリカの正義のために戦った」というふうに言ってくれとか、映画を作ってくれとか、色々なことを要求しました。そして実際そういう形で対応してくれて「君たちは偉かった。ほんとうに国家のために、アメリカのために、正義のために戦った」と言ってくれたとしても、実際には心のトラウマはやはり解消されないというわけですよ。

それは一体なぜか。彼らがベトナムという地獄の中で経験してきたことは、結局「米国内で戦争に行かなかったあなたたちに分かるわけはない」という感情がずっとあるからです。いくら誉め称えて正当化してくれたとしても、「あなたたちには結局あの地獄は分からないだろう」と。敵も殺したし、親友もいっぱい殺された…あの泥沼が分からないだろうと。だから、認めてもらうプロセスの中で、一種のセカンドレイプですね、もう一回古傷を掘り起こされて再び傷つくということがあります。

ところで、ハーマンが言うには、アメリカにはベトナム戦争の帰還兵の様々な記念碑があるわけですね。美辞麗句が書いてあるやつとか、色々あるんだけれども、その中でベトナム帰還兵たちの間で非常に大きな聖地というのかな、巡礼の聖地となっているものがあると。それはワシントンにある「ベトナム戦争記念碑」だと彼女は言っています。

なぜそうなっているのかということなんですけれども、ハーマンはベトナム帰還兵のケン・スミスという方の書いたものを引用しています。その引用部分を少し紹介しますと、このケン・スミスという人は「ベトナム戦争記念碑」に来てそれに触れ、「私は思い出した、何人かの仲間を、ある種の匂いを、何かの折を、あの雨を、クリスマス・イヴを、休暇を。私はあそこで汚れ仕事をいくつかやった。それを思い出した。いくつもの顔を思い出した。私は思い出した、さまざまの思い出を、（中略）別の人々にはこれは（記念碑は）墓地に近いだろう。私にはそれよりも大聖堂に近い。これは宗教体験に近い。心が洗われる感じといえばよいか。人に話すのはむつかしいけれど、私はその一部であり、いつまでもそうでありたい。私はそれと平和条約を結ぶことができた。だから私はそこから私がなすべきことをする力を得られたのである」（中井久夫訳、一〇七頁）という、こういう体験をしているわけですね。

つまり、その記念碑に触ることによって、彼は自分がベトナムでした様々なことを自分の中で思い出し、何かを再体験し、そうすることによって、本来墓地であるところのものが自分にとっての「聖堂」になった。そして、私の中の何かが、「私がその一部であるところのもの」と繋がったような感じを持つというわけです。なぜでしょうか。

ハーマンはその答えを本に書いていませんけれども、その前後を読むと分かることがあります。それは、ベトナム戦争記念碑には何が書いてあるかということなんですが、そこにはただ戦死した人の名前と没年月日が記録されているだけである。記念碑には「誰々が何時死んだ」というのがずっと書かれているだけなんですよ。そこには美辞麗句一つない。センチメンタルな誉め言葉も何一つないんです。

他の色々なパレードや勲章式とかいうのは美辞麗句で埋め尽くされているわけですが、そんなのは一切ない。そこにあるのは死んだ人の名前だけで、その人がどうやって死んだかとか、死んだ時に何を思ったかということは一切書いていない。ただ名前だけがそこにある大きな碑なんですよ。そこが一種の巡礼の地になり、ベトナムに参戦した人々はそこへ来て、その壁に触って人々の名前を見、花を添えて去っていく。そういう場所になっているというのです。

これはどういうことか。色々な解釈があると思いますけれども、私が思ったのは、つまりそこには共感の押し付けというのがないわけですよ。あるいは理解の押し付けがない。「正義のために戦った」とか一切押し付けていないし、「あなたのことは分かる」という共感の押し付けもない。その記念碑が言っているのは「多分、あなたたちが見てきた地獄のことは誰にも分からない」ということだと思うんです。分っているのは一つだけ。誰が何時死んだかということだけです。その時彼らが何に直面したのか、どんな地獄を見たのか…そして生き残った帰還兵が何を心で感じて悩んでいるのかは分からないという、そういう証言だと思うんですよね。

その意味ではある種の拒絶をしている記念碑だと思うんです。でも、逆に言えば、そこで何があったのか、あなたが受けた体験というのは何かということについて、「何も語れない」ということを非常に露わにしている記念碑なわけです。その意味で、「何も語れないんだ」ということがそこで記念碑となって露わになっているからこそ、そこに来てその人の名前を見、そこに触れることによって初めて、ベトナムで地獄を見てきた人は「何か」

に繋がれるのではないかと私は思うわけです。

これはおそらく、先ほどの従軍慰安婦の問題とも関わるのかもしれませんが、「分からない」し「共有できない」からこそ繋がることができる次元というのがあるのではないでしょうか。こういう問題をどう考えていくのかというのは、おそらく、とても現代的な問題だし、我々がぶつかっていたり悩んでいる問題だと思うし…今日前半に話した母性管理の問題ともつながっていると思います。我々を地獄に突き落とすものこそが、我々をもう一度救済するものなのかもしれないと思います。

倫理の前にやるべきこと

科学から誌への転換

中村　桂子

KEIKO NAKAMURA

昭和十一年東京生まれ。昭和三十四年東京大学理学部化学科卒業後、昭和三十九年に同大学大学院生物化学修了。その後国立予防衛生研究所、三菱化成生命科学研究所社会生命科学研究室長、同研究所人間自然研究部長、同研究所名誉研究員を歴任。早稲田大学人間科学部教授を経て、現在のJT生命誌研究館副館長となる。

著書に『ゲノムをよむ』（紀伊国屋書店）〈第十二回日刊工業新聞技術・科学図書文化賞優秀賞受賞〉、『あなたのなかのDNA—必ずわかる遺伝子の話』（早川書房）、『自己創出する生命』（哲学書房）〈毎日出版文化賞受賞〉など多数。

大きなテーマは生命科学と倫理ですが標題にも書いたように私はその問題を考える前にやることがあると思っておりますので、まずそれをお話しさせていただき、その後に与えられたテーマに入ります。二〇世紀から二一世紀への移行の中、物質的豊かさは享受していますが、納得できないことが山ほどあるという感じがしております。身近なことでも医療、教育、産業でも農業はうまく行っていません。それから環境についても気になります。

実は、医療、環境、農業、教育など、今あげたものは全部「生き物」と関わりあっているものです。つまり、二〇世紀の問題点は「生き物」をきちんと見据えなかったところにあるのではないかというのが私の見方です。現代文明は科学技術文明といわれるように、科学技術によって支えられているわけですが、その中で「生命の科学」は活躍しませんでした。それには理由がありまして、物理学や化学の方が科学として先行し、大量にエネルギーやものを作る技術が生まれました。もちろん、それは評価できることですが、その技術があまりにもみごとに進展したために、生きものまで機械のように見るようになってしまったのが問題です。二十世紀後半になってDNAを基盤にした生命科学が進展し、今そこに注意が向けられています。ただ、このままで行くと生物を利用してただ物をつくっていくバイオテクノロジーだけが伸びていく危険性があります。実は大事なのは、生命の本質を知り、それに見合った技術や社会を作っていくことです。

私は、二一世紀は生命を基本に考える時代にしたいと思って仕事をしています。現在の生物学は、良くも悪くもDNAを基本にして進んでいますので、そこから離れてしまっては意味がありません。それに沿いながら生命を基本にする考えとはどういうものかを簡単にお話しします。

多様性と統一性

ラファエロの『アテナイの学堂』、ギリシャ時代の学徒たちを描いた絵があります。その中心にいるアリストテレスとプラトンの手に注目します。アリストテレスは「世の中には、多様なものがある。それを全て知ることが『知』の基本となる」という意味で手を前に向けて広げています。それに対して、プラトンは、「多様なものはあるけれども、その中に『普遍』がある。それを探すことこそ『知』の役割だ」という意味で天をさしているのだそうです。多様は変わること、普遍は変わらないことをも意味します。

日本の教育では、理学部に入りますと、哲学は勉強できませんので、アリストテレスについて何も知りませんでしたが、少し調べますと、『動物誌』という本があり、様々な動物を調べつくしています。鯨は哺乳類の中に入っています。生物学者の元祖と言ってよい方だということがわかりました。これはたぶんプロジェクト・リーダーになり、皆に調べさせたのでしょう。

それはともかく、「多様」と「統一」は、世の中を見るとき、考えるときに、どちらかを見ればいいということではありません。両方見なければいけません。

しかし残念ながら、少なくとも生物学に関しては、それを同時に見る方法がなかったので「多様を見る学問」と「統一を見る学問」は全く違う方法論を使って、違う道を歩いてしまいました。「多様」の方は、いわゆる「博物学」といって、様々なものを集めます。大航海の時代になると蒐集の場は広がりました。「統一」の方は、「解剖学」や「生理学」です。動物の体内は心臓や肺があるなど基本的には同じではないかというので、どんどんミクロの世界に入っていくわけです。二つの側面を見るのでなく、それぞれ一面だけを見る道を歩んだわけです。

「普遍と多様」の重要性を、生物学でお話しましたが、あらゆる人間の活動の中にこの両方を求めていく活動があると思います。たとえば絵画です。ゴーギャンがタヒチ島で描いた、『私たちはどこから来たんだろう・私たちはいったい何者なんだろう・私たちはどこへ行くんだろう』という題の絵は有名です。そこには自然とその中に暮らすさまざまな人間の姿が描かれています。ここには人間に共通の基盤を求める姿勢が感じられます。私はこの絵をボストンで観たときに現代生物学は人間だけでなくすべての生物を含めてこれと同じことを求めていると感じました。

一方、江戸時代の伊藤若冲が描いた『池辺群虫図』には、小さな池の辺りに、ヘビ、トンボ、オタマジャクシと、七十種ほどの生物がいます。多様性を描いている画家の気持ちも、私たち生物学者と全く同じだと思います。

とにかく二つが別の道を歩いてきたわけですが、二十世紀の終わりに至って、この流れの中で非常にユニークな、大事なことが起りつつあると思うのです。

「多様」を考えるときにはその「多様性」はどれだけあるのかという問いがあってよいと思います。アリストテレス以来、集めたものに世界中の人が名前を付けてきたわけで、百五十万種類ぐらいまでは名前が付いています。まだ増えていくでしょうけれども、いったいこれはどこまであるんだろう。

この問いを立てて初めて行動した人が、アメリカのアーウィンです。アマゾンの熱帯雨林は四十メートルぐらいの高さの木から成っており、生物のほとんどが樹冠にいます。下にはほとんどいない。そこで下から燻して上から落ちてきた昆虫などを調べた。一九八〇年頃です。

その結果、生物の種は三千万ほどあると言いました。名前が付いているものが百五十万であり、それだけしか私たちは知らないわけですが、地球上には三千万種類ほどいるということになったわけです。

このような仕事は環境問題とも関連し、調査が進められました。特に日本は大活躍しております。中心は京都大学の生態学研究センターで、主として東南アジアを調べています。ここは世界一多様性の高いところで、木も六十メートルあるそうです。木の上に橋をかけ、生きたままを調べています。そこで彼らが出した値は五千万とか八千万。値はまだ特定できませんがとにかく、数千万種類いるということは確かです。いずれにせよ、一九八〇年代になって全体の数が見えてきたことが重要です。

一方、ミクロへ進む学問は、「あらゆる生き物は、全て細胞を基本にしている」というところに到達しました。細胞でできていない生き物はいません。

細胞は生きており、細胞にならなければ生きていないということは重要です。これからお話する中心ですが、細胞の核にＤＮＡが入っていますが、ＤＮＡは生きていません。ＤＮＡそのものは生きていない。ＤＮＡが細胞の中に入ると「生きる」ということを司るのであって、「生きる」の単位は細胞です。その中の構成成分はどれをとっても、それ一つでは生きていないのだけれど、これが全部集まって細胞になると「生きる」のです。

これは大変面白いことです。というのは、細胞は構造の単位であると同時に機能の単位なのです。建物をブロックで作るように私たちの身体は細胞でできているわけです。けれども、ブロックはブロックという構造単位にすぎません。しかし、細胞は、ブロックであると同時にそれが作り上げた身体の機能を全部引き受けるのです。そこが、生き物の面白さであり、大事なところです。二十世紀に入り、この細胞を細胞たらしめている最も基本的な機能をしているのが、ＤＮＡであるということが分ってきたわけです。

細胞は、それ自身多様です。形も機能も。

しかし、どの細胞にも、ＤＮＡがあり、それはご承知だと思いますけれども、二重らせん構造をしています。この構造は複製能力を持っているために、例えば、大腸菌が二つの大腸菌に分裂した時、全く同じＤＮＡを子どもに渡して性質を伝えていけるわけです。伝えるという性質をみごとにこの構造の中に持っているわけです。二重らせん構造が分ってきたのが一九五〇年代です。先ほど紹介した熱帯雨林での多様性の研究より少し前ですが、いずれにしても二〇世紀の半ばです。

ところで、多様性と普遍性はコインの両面のようなもので、別々に追いかけて「普遍性を最後の最後まで追いかけた」「多様性を最後の最後まで追いかけた」と言っても、それで生き物が分かるわけではありません。ちょうど私がこういう時代に生きており、ここまで分ってきたところに居合わせたのですから普遍と多様の両面を見ないでこのままやっていくのは、もったいないないと思いました。そこで、この両方を一緒に考えることができないだろうかと問うてみました。と言ったところで、頭で考えていてもしかたがありません。私が語るのではなく生物が語っているのですから、生物のデータを見ていかないと何も答えが出てきません。

DNAが語る四十億年近い生物の歴史

ここで一例としてDNAの量を比べます。あらゆる生物はDNAを持っていながら犬は犬で、大腸菌は大腸菌であるのはなぜか、ということが知りたいわけです。そこで、みんな持っていると言っても量が違うだろう。複雑な生物ほど遺伝子を沢山持っているに違いないのでゲノムの大きさが違うだろうという「当たり前の問い」です。

実際に、大腸菌のような簡単なものはゲノムサイズは小さいし、菌類、植物、昆虫、魚、

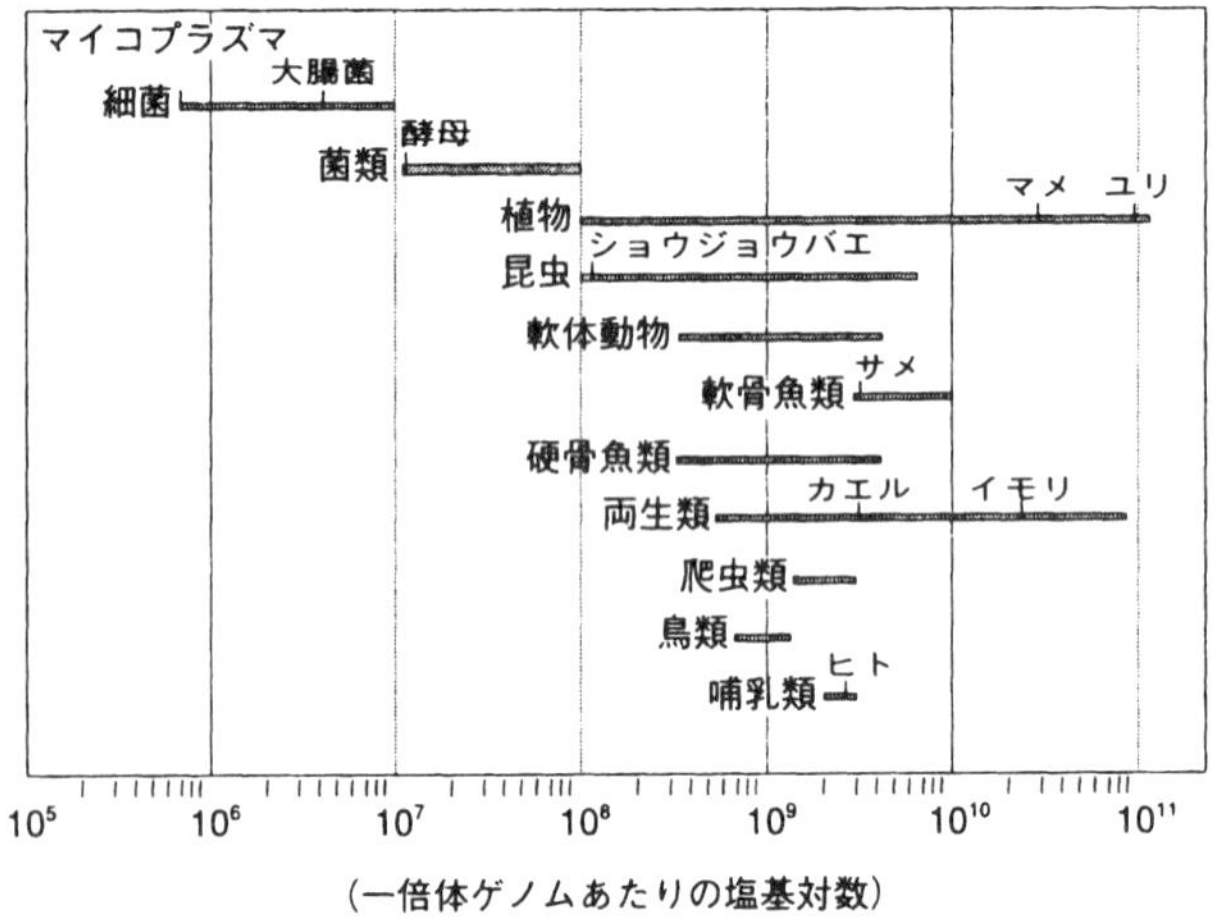

さまざまな生きもののゲノムの大きさ

両生類、爬虫類それから哺乳類と、明らかにだんだん複雑になるほどDNAの量は増えていきます。しかも、よく見てみると、面白いことにこれは進化と平行しています。ここで「DNA量と複雑さを語る方程式」を出し、これで「普遍と多様の関係が解けます」とやりたいのですが、このデータを見ると、実はヒトよりイモリの方がDNAが多い。これではちょっと問題がありま す。この辺りも生物の面白さですから、一つ一つ調べていく価値があります。

結局、こんなに多様な生物全部がたまたまDNAを持っているということはありませんから、祖先が同じであると考えるのがよいでしょう。同じ祖先からみんな出てきたのだと。生命の起源は、化石などから、三十八億年ぐらい前と考えられます。その頃海で何かが産まれた。そこから、DNAを増やしながら、住む場所も広げながら、現在までできているのです。

残念ながら、始めからその過程を追っていくことはできません。古い時代のDNAはないわけです。四十億年も前のDNAを手に入れるのは無理です。ところが、幸い次のように見ることができます。人には必ず両親がいます。両親にもまたその両親がいます。ある人が持っているDNAは祖先から受け継いだものです。だから、現存の人のDNAを調べれば歴史がたどれるはずです。しかも、この場合、母親の方が基本です。人間の出発点は受精卵で、それが分裂して身体ができる。つまり人間の元は卵でありそれは母からのものです。もちろん受精時にDNAとしては、半分は父が貢献していますが細胞としては母親からのものです。生物の基本は「雌」です。

ともかく、現存の生物のDNAを分析することで生命の歴史がわかります。例えば、世界各地の人々のある決まったDNA（ミトコンドリアDNA）を分析した結果を比べた例があります。これは家系調べと同じです。親類の方が全くの赤の他人よりはDNAが似ているというわけで、DNAがどのくらい似ているかを比べることによって、お互いの関係の深さを解きます。その結果、世界中の人が一つの祖先をもつことがわかりました。人類は、北アフリカを発祥の地としているということが、DNAの分析から出てきたのです。

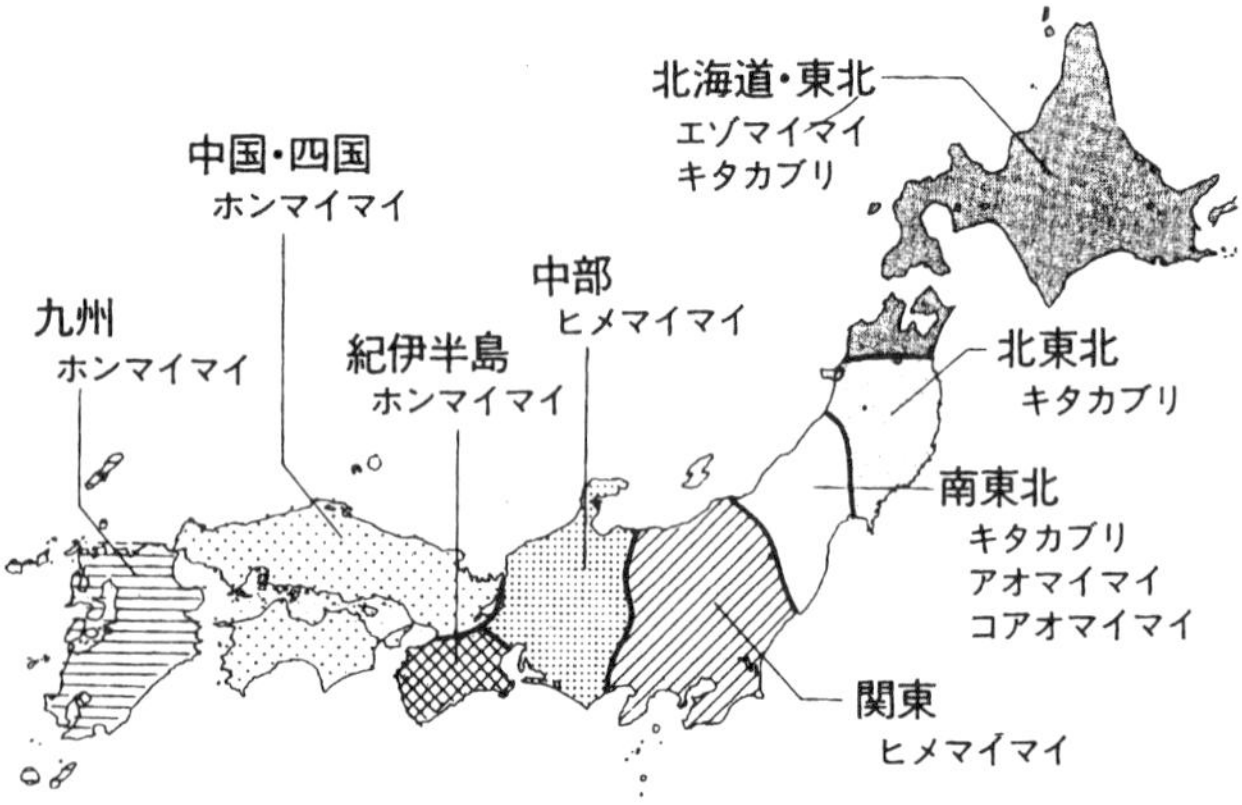

マイマイカブリの分布
同名のものもDNAで見ると異なっている

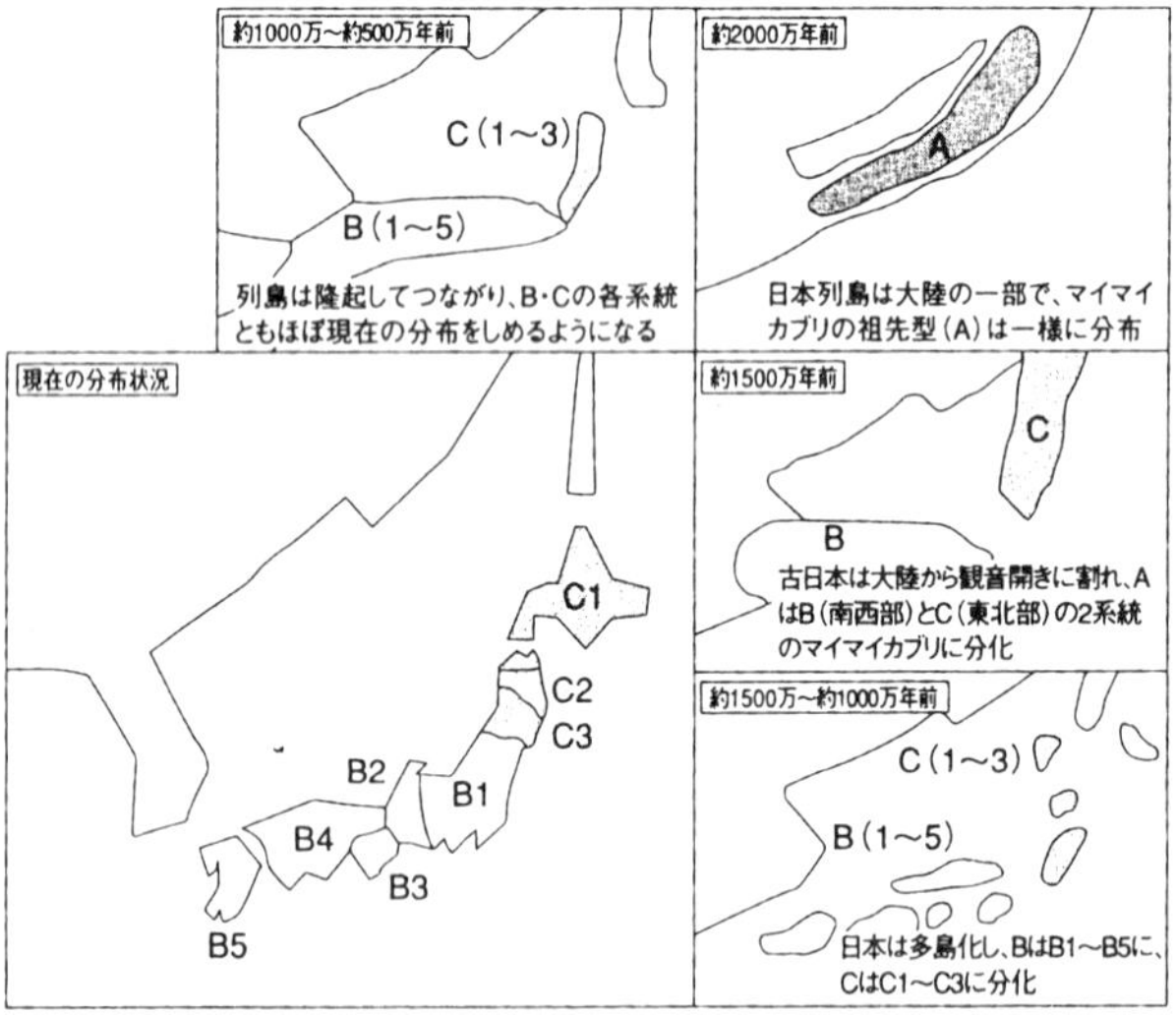

マイマイカブリが語る日本列島形成史

私たちは、オサムシでこのような分析をしました。漫画家の手塚治虫さんのペンネームはこの虫に由来しています。宝塚の「手塚治虫記念館」には子どもの頃に描いたとても上手なオサムシの絵があります。

日本全国に分布するオサムシの一種であるマイマイカブリの分析から面白いことがわかりました。この虫はとべませんので、同じ所に住んでいるものが同じ仲間です。

非常に不思議だったことは、なぜ図のような分かれ方をしているかということです。このデータをご覧になった地質学の先生が「これは日本列島の形成史を語っている」とおっしゃいました。日本列島は最初はアジア大陸にくっついていたのが、地質変動で離れてきたわけですね。離れるときに、大きく二つに分かれ、更に多島化を経て今の形になったんだそうです。

これは独立に二つのグループが出した別の学問の結果です。生物学と地質学の結果が、一つのことを指していたわけで、研究者は驚きました。けれども、私たちがびっくりするのが間違いなのです。自然は一つです。地質学をやっているか生物学をやっているかということは構わないわけです。日本列島が段々出来てきて、その上に住んでいた虫たちが列島上に分布していったので、日本列島と虫の両方が千五百万年の歴史を語るわけです。当たり前のことです。けれども、これまでの学問は決して自然を直接見ていませんでした。

もちろん、これは「生物と環境」という問題でもあります。ただ、私は「学際」という言葉があまり好きではありません。「学際」研究から新しい成果は出ないと思います。「環境と生物は関係があるはずだ」と言って、地学を研究している人と生物学研究者が「学際的研究」をやるべきだと言っても、多分何も出てこないでしょう。具体的に研究を進めているうちに自然は一体なのですから同じことを語ってくれる、そういう体験をしました。

もう一つの体験をいま私たちはしています。材料のオサムシを採ってこなければなりませんが、採集はそう簡単なことではありません。季節がありますし、それぞれの地域、例えば北海道ではどこにいるか東北ではどこにいるかということを私たちは知りません。自分たちでこの材料を集めていたら、この仕事は二十年かかっただろうと思います。材料は、研究としてはアマチュア、昆虫に関してはプロの方たちが採って送って下さるわけです。「オサムシネットワーク」が日本中にでき、今世界にそれが広がっています。

学問は専門の少数の人だけが楽しむものではありません。研究者の興奮や楽しさを専門外の人にも共有してほしいと思って生命誌研究館をつくりました。もっとも、その時私たちがやることを一緒に楽しんでもらおうとか、楽しいことを伝えようと思っていたのは間違いで、アマチュアとプロが一緒に仕事が出来るということを見つけました。こういうやり方をしている研究所は他にありません。

今は人と虫のお話しかしませんでしたけれども、様々な生き物について、現在から過去を知るという方法で生物全体の四十億年の歴史を知ることができるはずです。

DNAを基本に普遍性を追う学問は「生命科学」といわれていますが、多様と、四十億年かけて多様になってきたところも理解する学問は、「バイオヒストリー・生命誌」という名前にしました。

生命誌を知るには、もう一つやらなければならないことがあります。それは、一つの個体が出来上がっていく歴史です。受精卵から出発して生まれ、成長し、老化して死んでいく。そういう歴史もDNAの中に入っているので、そちらも解いていきます。

よく「個体発生は系統発生を繰り返す」という言葉があるように、個体の歴史と四十億年の歴史は絡み合っています。ゲノムサイズの時に申しましたが、魚類、両生類、爬虫類、鳥類、哺乳類というふうに、進化してきましたが、受精卵からの発生の途中を見ると、ある時期これらがほとんど区別がつかない時を経過します。その後、それぞれに特有の形になっていきます。これは、個体発生は系統発生を繰り返すということで、基本的には普遍的なものから多様化していったわけです。

これらの形は骨が決めるわけです。魚の骨を見ると、頭と身体がくっついていることにあらためて気づくわけです。山椒魚になると、首が出来て頭と胸が離れます。山椒魚の首は上下には動けますが、左右には振れませんので、クネクネと動きます。このように骨の様子を見ると、首が出来たり肋骨の様子が変わったり尾の様子が変わったりしていくのがわかります。鳥や哺乳類になると肋骨がきちんとしています。それで立ち上がって尾っぽがなくなれば人間です。

これらの形づくりの陰には全部「遺伝子」があります。

元々は同じ形をしていたものが、各々個性のある多様な形になっていく途中で、一体ＤＮＡは「いつ」「どんなふうに」働いているのでしょうか。「いつ」「どこで」「何が」働いているかを調べて、個体の歴史を知りたいと思っています。

こうして「人はどのようにして人になってきたのだろうか」「きのこはどうやってきのこになってきたのか」ということが解けてきます。それぞれが皆いま持っているＤＮＡ（この持っている全部のＤＮＡのことを「ゲノム」と呼ぶのですが）、「大腸菌ゲノム」「ヒトゲノム」「キノコゲノム」を、それぞれ調べることによって、それぞれの生き物たちがどういうふうにして多様化してきたのかを調べることができます。

ＤＮＡの比較の良いところは、地球上の生物すべてを一つの物差しで比べられることです。形での比較の場合、例えば「キノコ」と「ヒト」と「大腸菌」を並べて比べようとしても難しい。けれども、ゲノムなら比べることが出来ます。しかも、そうやって比べると、

「キノコ」と「ヒト」が途中まで共通の道を歩いてきたことがわかるのです。「ヒト」と「キノコ」のゲノムに共通の部分があります。それは、古くからずっと持ってきたものだということが分かります。そうやって、五千万種ともいわれる生き物たちの歴史との関係の中に「普遍性」と「多様性」を追っていくことがやっと出来るようになりました。

ちょっと口はばったい言い方をさせていただければ、プラトンとアリストテレス以来ずっと適切な方法論がないために別の道を歩いてきた多様性を見る学問と普遍性を見る学問とが、今ゲノムを通して繋がっているのです。そして、新しく身近にいる生き物を学問が対象とする「生き物」として見ることができるようになりました。つまり、「DNAは普遍」と言うとか、「いろいろいるじゃないか」と言うのではなくて、生き物のもつ本質を見ることができるようになったのです。普遍と多様を重ねた問いに答える方法が、今二〇世紀後半に見つかったわけです。

二〇世紀後半に生きたからこのような状況に巡り会えたので運が良かったと思います。ギリシャ以来分かれてきたことを繋げる時代に生きたのですから。

生命誌を具体化する場

生命誌研究館は、英語で「リサーチホール」です。現在の科学は論文を書くと終わりです。論文は仲間だけに発信しているわけです。例えば音楽は楽譜を書いて終わりということはありません。必ず演奏します。それでないと音楽は「音楽」として存在しないわけです。私は科学も、論文を書いて終わりではなく、それをきちんと誰でもが分かる形で表現したときに終わりになると考えています。

これまでの科学者は、そこは「余計なことだ」、「時間が無駄だ」、「そんなことが好きな人はちょっと科学者としては外れている」としてきました。

生命誌研究館では、「教育」「普及」「啓蒙」という言葉を禁句にしています。というのは、科学が論文で終るからこれらが必要なのです。最後までやって科学が終ればこの活動は改めていらないはずなのです。そうはいっても演奏方法がなかなか難しいので、あれこれ試みております。ときには音楽に合わせて話すなども試みています。「ピーターと狼」の生命誌版もつくりました。井上道義さんと京響といっしょの「ピーターと狼」の生命誌版はなかなか好評でした。今日のテーマは生命科学と倫理であるのにその話を全くせずに生命誌について話してきましたので不審に思っている方も多いかもしれません。実は、私も「生命科学と倫理」について考えてきました。その結果それを考える最短の方法は生命誌研究だと思うようになったのです。このような形で自然をそのまま見る学問が生まれ、専門家としろうとが一緒に考え、成果はさまざまな工夫をこらした表現で伝えられれば、生きものについて、あらゆる人が共通の認識を持つことができます。そこで、新しい技術をどう取り入れるかを考えれば、納得のいく答えが出てくるでしょう。それなしで専門家とそれ以外の人の間のずれを無理矢理埋めようとしてもそれは無理だと思うのです。

実は、私は一九七〇年から「生命科学」を始めたのですが、その時に「科学と社会」について考えなさいと先生から命令されました。その頃日本の中にそういう動きは何もありませんでした。それで先生に相談したところ、日本のいつもの例といえば例なのですが「外国を見ていらっしゃい」と言われました。ヨーロッパやアメリカにはそういう活動があるに違いないから見ていらっしゃいと言うので、色々な国を訪ねました。当時まだ若かったのできちんと見られたかどうかは別として、三つの活動があるということを学び、それを進めたいと思いました。

一つは、「教育」です。科学がよく理解されないのは、きちんと社会に対して教育していないからいけないので「科学教育」をすることです。今は盛んに言われていることです。子どもの技術離れがあるから科学教育をしなければいけない、科学館を作りましょうという動きです。これですごいと思ったのはイギリスです。イギリスにはＢＡＡＳ（British Association for Advancement Science）という専門家もそれ以外の人も共に活動する組織があり、その中には若者向けの活動もたくさんありました。地方の高等学校に行って生徒に発表をさせたりしながら教育をしていくというシステムがみごとに出来ていました。それからLoyal Societyです。ファラデーの「ろうそくの科学」はここでの市民向けの講座の記録であり、その同じ部屋で今もレクチャーが続いています。百年以上の歴史を持ってやっていて、さすがすごいと思いました。BAASを真似て作ったアメリカのAAASも素晴らしい活動をしています。ここから出されているものが「Science」という雑誌です。

二番目が、現在の科学や技術の在り方へのアンチテーゼを出そうという動きでした。例えばニューサイエンスという動き、それからオルタナティブテクノロジーというような動きです。当時は、体制に対する批判から世界的に学生運動が盛んになり、またヒッピーなど従来の文化・文明に対しての批判の気持ちの表現がありました。私が生命誌を始めたのも現代科学の在り方に不満を持ったからですが、一九七〇年代にもそのような動きはすでにありました。しかし、ニューサイエンスは、マイノリティーとして存在し主流を支える力にはなりませんでした。これでは意味がありません。また当時顕在化してきた環境問題への対応として反科学・反技術という感覚がありましたがこれも違うと思いました。科学・技術の意味は充分認めたうえでそれを越えなければならないのです。

三番目がバイオ・エシックス、日本語でいえば「生命倫理」です。これはさまざまな科学、特に生物学、生物学を基本にした医療に関わる様々な技術を倫理的に検討するということでした。

この三つが社会との関わりの中で見えてきた活動です。それぞれの国の歴史を踏まえての活動としてその意味はよくわかりました。では、私はどの方向を探るか。教育についてはいつかイギリスやアメリカと同じようなシステムを作ってみたいと思いました。今もそう思っています。しかし、教育を専門にするとなればその決心が必要ですので、脇に置きました。ニューサイエンスは、これは違うと思いました。そこで、生命倫理を勉強しました。この経緯は詳しくお話しする余裕がありませんが、少なくとも生物学者としてその活動は満足のできるものではありませんでした。これらが要らないと言うのではありません。しかし、生物について、また生き物の一つである人間についての現代科学の認識をとり入れないで科学と社会を対置するような見方は生産的でないと思いました。生き物のことをきちんと考える知を作り、それを社会の中に定着させることが大事だと思ったのです。

それで二十年間悩み考えた末に到達したのが、生命誌研究館でした。この基本は、まず科学と社会（Science and Soiety）からの脱却です。ここでは、（Science in Soiety）です。このandとinの違いは大きい。こうなるとたとえば「教育」もあらためて教育といわず、そこまで科学の活動に含めようという意味です。

ところで、バイオエシックス批判のようなことを申しましたが、Ethics、日本語で倫理は「人の道」である一方、職業倫理という約束事の意味を持っています。

人の道としての倫理で事を判断するなら、特定の価値基準が必要です。例えばいま世界の主要国では「クローン人間をつくるのは禁止」ということになっています。これはこれでよいのですが、例えばローマ法王が「クローン人間なんてとんでもないことだ」とおっしゃる場合は、カトリックの価値観があってそれは誰にもわかります。、そもそも人工的生殖そのものがいけないわけですから、よく分かります。ところで、アメリカのクリントン大統領とフランスのシラク大統領は何を基にして「いけない」と言ったのでしょう。それが私には分からないのです。何を判断基準にしたのか分からない。アメリカを動かしている「民主主義と市場経済」からはクローン人間がいけないという答えは、出てこないと思います。その証拠に、アメリカは五年間の期間を区切り、そこで考えることにしています。たとえば、ホモセクシュアルのカップルが血の繋がった子どもが欲しいときにどうするかというテーマにどう答えるか、考えていただきたいと思います。もちろんクローン人間を作ることを私は好みませんが、それを否定する筋書きは必ずしもやさしくありません。

そこで、今日本の社会の中で脳死をどう考えるかという「約束事」は必要であり、それはできています。それと同じ「約束事」として「いま日本の社会の中ではクローン人間は作らないと皆が約束しよう」とすればよいと思うのです。それはとても大事なことですが、それは「価値判断」ではないわけです。

アメリカは、中絶問題で長い間議論をし、選挙の度にそれが争点となっています。極端な反対派の人は、中絶を行う病院を襲うなどの実力行動にも出ていますが、決着のつくものではありません。そこでクローンは「約束事」にしたと思いますが、日本の中ではどうもそうではなく、「人の道」と捉えているので、議論が明確にならない。社会の中に明確な価値があるのなら、封建社会のお殿様が決めたものでも何でもよい。絶対の価値がある社会ならそれは成り立つと思うのですが、今の社会では約束事でよいと思います。

とんでもないことをやってはいけないので「約束事」は次々とつくっていくことになるでしょう。私は遺伝子組換えの時には「ガイドライン」という形での約束事作りを一生懸命やりました。いまこれは機能しています。クローン、臓器移植、体外受精、再生医療、ゲノム医療などどれも約束事が必要です。

それ以上に重要なのは、生きもの、その一つとしての人間をできるだけ理解することですし、その理解のしかたを科学からより総合的な誌に変えていくことだというのが私の個人的な気持ちです。そこで悩んだ結果が、私の個人的な答えは生命誌研究館なのですが、別にそれが唯一の答えではありません。他にいろいろな提案が出るのがよいと思います。ちなみに、「答え」と申しましたが、それは最後が分かったという意味ではなくて「こういうアプローチを私は選ぼう」ということだけです。そういうつもりでの生命誌研究館ですので一度いらして下さい。自分の好きな生き物のことがどんどん分ってくるとか、若い人たちが来て一緒にディスカッションが出来るとか、そういう活動を楽しくやっておりますのでいらしてご意見を聞かせて下さい。

動物と人間の接点

―ゴリラの心をフィールド・ワークする―

山極　寿一

JUICHI　YAMAGIWA

一九五二年東京生まれ。京都大学大学院理学研究科博士課程修了。理学博士。カリソケ研究センター客員研究員、日本モンキーセンター研究員、京都大学霊長類研究所助手を歴任、現在京都大学大学院理学研究科助教授、人類学、霊長類学。ニホンザルやゴリラの野外研究を通して人類の進化を探求している。

著書に『ゴリラとヒトの間』（講談社現代新書）、『家族の起源』（東京大学出版会）、『ゴリラの森に暮らす』（NTT出版）、『ゴリラ雑学ノート』（ダイヤモンド社）、『父という余分なもの』（新書館）、『ジャングルで学んだこと』（フレーベル館）、『ニホンザルの自然社会』（編著：京都大学学術出版）などがある。

最近ボーダーレスの時代を迎えたということをよく耳にします。これはどういう意味かといいますと、文化の内側と外側を分けて考えてはいけない。人間というのは社会や文化を超えて同じ生命体なんだということでしょうね。例えば戦前の日本は鬼畜米英なんて言って「アメリカ人は鬼だ」というようなことをいい、アジアでは現地の人に鬼と言われるような行為をしてきました。また、アメリカではアフリカの黒人たちは我々の世界の人間ではないから、奴隷にしてもいいというような考え方が過去にはあったわけですね。でもそれはもう通用しなくなりました。ボーダーを取り払って、「我々は同じ種であり、同じ人間なんだ」と、生命を守るという精神は一律に分かち合わなくてはならないということが分かってきたんだと思います。

そのことによって、私たちは一方では様々な多様性というものを理解しなくてはならなくなりました。例えば、中国の人たちは日本の人たちとずいぶん風俗・習慣が違います。でも、違うからといって差別をしたり、あるいは敵愾心を抱いたりしてはいけないものですね。日本の国内でもそういうことがあります。北海道の人は「九州の人たちが」、あるいは東北の人は「四国の人たちが」と言って差別してはいけない。我々はお互いの風俗や習慣が違い、考え方が違うということをやはり理解し合いながら一緒に生きようという道を見つけなくてはならないわけです。そして、それは果たして人間だけに言えることだろうかというのが今日のテーマであります。ですから、「動物と人間の接点」という題を付けさせていただきました。

人は動物を理解できるか？

最近は「地球共同体」「地球生命体」みたいなことを言います。それは、色々な生命が絡み合って生きている中の恩恵の一つとして我々の生命があるんだという考え方です。例えば、アマゾンとアフリカには広大な熱帯雨林があります。これは簡単に私たちの手に触れられるようなものではありません。生物の関係があまりにも多様で、複雑なために、そこにどんな動物たちが生きているかということは完全に理解することはできません。ただ、その熱帯雨林が今までと同じように維持されていることは私たちにとって大きな恩恵です。財産です。それがなくなってしまえば、私たちは様々なものを失うことになります。これはあまり時間がないので具体的には説明しませんが、地球という環境や生物の多様性を維持する上でとても重要な場所です。でも多くの動植物がまだ人間に知られないうちに次々に消えているのです。私たちもそのことに無関心ではいられません。

私自身は猫を飼っているんですが、つくづく思うのに、人間というのは色々な動物のことを考えるんですね。しかも動物のことを理解できるという自尊心を持っている。回りくどい言い方をしましたけれども、そういう感情を持っています。だから、私が飼っている猫を毎日見ていると、なぜかコミュニケーションができたような気になるんです。猫が鳴いていると「ああ、あいつはこういうことを言っているんだな」と思う。こっちが語りかけると猫も理解してくれたような気持ちになってしまう。で、猫のような気持ちになれる。これは人間の持っているすごく大きな能力だろうと思います。そういうふうに多分ペットを飼っている方は感じたことが一度ぐらいはあると思います。猫であろうと、鳥であろうと、あるいは爬虫類であろうと、そういうふうな行動を取れたり、そういうふうな気持ちになり、立場に立ってみるということが人間はできます。

ただ、それは決して彼らの行動をきちんと理解しているわけではない、ということを敢えて申し上げたいと思います。私たちは誤解の世界の中で生きているんですね。猫のような行動を真似できる。あるいは、猫のような感情を自分の中で思い描くことができると言いましたけれども、それは決して猫になってみることではありません。なれるわけはないんです。

猫の学者にエリザベス・マーシャル・トーマスという人がいます。この女性はもともとはアフリカでブッシュマンと呼ばれた狩猟採集民の研究をされていた方で、つい数年前に『猫たちの隠された生活』という本を書きましたが、その中に面白いエピソードが書いてあるんです。エリザベスが言っているのは、猫というのは肉食動物である。これはトラだろうがライオンだろうが、ネコ科の動物というのは全て共通して持っている特徴である。つまり肉を食べるために生活をしている。すると、彼らの行動様式はすべて「肉が欲しい」「肉が食べたい」「肉をどう食べるか」ということに関わっているのだということなんです。

こう言われると、私は猫を飼っていますから「えっ、日本の猫はうどんも食べるし魚も食べるし、そんなことないよ」と思うのですが、それはたぶん飼い猫の持っている肉食動物としてのネコ科ということから離れたフレキシビリティ(可塑性)だと思います。ただ、ネコ科の動物たちで面白いことがあるんですね。これはその本の中で紹介している話ですが、ある人がアフリカでライオンに捕まってしまっていざ食われようとしたと。ライオンに首を喰わえられて運ばれたわけですね。その時、耳の奥のほうでライオンのうなり声が聞こえたのですが、なんとネコがゴロゴロと言っている声とそっくりだったというんですね。それを例に引いて、エリザベス曰く、「ネコ科の動物の、喉をゴロゴロ鳴らすという音声は、実は獲物を麻痺させる、あるいは獲物に恐怖心を抱かせない…しかもジタバタできないようにぐったりさせるような効果を持った音声である」と。それはネコ科が共通に持っているのではないかというんですね。

　猫を飼っている人ならご存知だと思いますけれども、猫は人間に近づいてくる時にゴロゴロ言います。あるいは、喉の下を撫でてやると、たしかにゴロゴロと気持ち良さそうにします。これを見て、私たちは普通「猫というのは、人間の機嫌をうかがいにゴロゴロ言っているんだ」とか、実際に人間の側にいて気持ちがいいからゴロゴロ言っているんだという風に考えてしまうわけですね。ところが、そうではなくて実は起源としたら、その行動はネコという、肉食をしようとする目的を持った動物が獲物に対して獲物を黙らせる、あるいは獲物をその場に引き止めておく…獲物に下手な考えを抱かせないというための行動であったかもしれないわけです。そういう行動というのは、我々がたとえ誤解していたとしても、普段のコミュニケーションに支障をきたすものではありません。不都合は生じないわけですね。そうやって猫も人間もずっと生きてきたわけですから。

ゴリラと人間の比較文化論

ただ、野生動物の場合には、この誤解は大変な悲劇を生むことになるんですね。その典型がゴリラにあります。ゴリラに見られる行動は、人間に非常に似て見えるということがありますが、ゴリラの生活をつぶさに観察していくと、微妙に人間と違った意味を持っていることに気が付きます。あるいは、ゴリラの行動が実は人間社会で人間の示す別の行動と似た意味を持っていることがあります。そういうことに気が付くことで、実は私たち自身の行動というものが一体どういう意味を持ってきたのか、あるいは今私たちは気が付いていないけれども、お互いの間でどういう意味を持っているのかということが見えてくるかもしれないわけですね。それは、非常に重要なことだと思います。

というのは、私たちの日常生活の中には、わけの分からないことがたくさんあるわけですね。例えば、人と話をしている時、言葉上はすごく丁寧なことを言っているのに、相手に敵意を感じることがあったり、自分の表現が相手に伝わらなくてイライラすることがあります。あるいは、一点を除いてその人を非常に気に入っているのに、その一点が嫌いなために、その人が近づいてくるのさえ嫌だということがあります。これは一体どういうことなんでしょうか。

私たちは決して単純に言葉を操って、他の人たちとコミュニケーションをはかっているわけではありません。言葉以外の様々な情報を頭の中で処理して、そして人間が本来持っていた行動の意味というものをなるべく駆使しようとして生活しています。ただ、それに気が付いていないことが多いんですね。人間をモデルにしては、それに気が付くことはできないでしょう。しかし、人間以外の動物の行動を比べてみると、そのズレに気が付くことがあります。そのズレを考えることによって、私たちの行動の持っている意味というものを探ってみようではないか、というのが、今日皆さんにお伝えしたいことです。

ゴリラというのは類人猿に分類されます。英語ではApeと呼ばれる動物です。日本語では「猿」と言ってしまうんですが、これは猿とは違います。猿は英語ではMonkeyと言いますよね。ゴリラはApeといって猿とははっきり違う動物だと考えて下さい。

私がゴリラを調査したのは、アフリカの赤道直下、最近政治紛争が絶えないルワンダとコンゴの国境地帯です。ピルンガ火山群といいまして、ミケノ山やカリシンビ山など、三千、四千メートル級の六つの山から成っています。この中腹にゴリラが住んでいます。ゴリラというのは、ほぼ赤道直下の森にしか住んでいなくて、ここは標高の一番高いゴリラの生息域だと考えて下さい。この下に森林が広がっていますが、熱帯雨林とは思えないほど背が低くて、林床にさまざまな緑の植物が生えています。

このあたりの森は非常に湿度が高いので、木々の周りを分厚い苔が覆っているんですね。この苔が光を反射してキラキラと光り、とても美しい。この森林の下に生えている緑の植物はほとんど全てゴリラの食物です。だから、ゴリラっていうのはお菓子の国に住んでいるといっても過言ではないと思います。

私どもフィールド・ワークをしている動物学者は、動物の観察をするために野生の動物が住んでいる場所に入っていきます。そこで気をつけなければいけないことは、その野生動物の暮らしをなるべく邪魔しないようにしながら、自然の暮らしを記録できるような状態にすることです。それには非常に長い時間がかかります。野生動物というのは、普通人間を極度に恐れていますから、人間の姿を見ただけで逃げてしまいます。ニホンザルもそうでしたし、カモシカやシカもそうでしょう。アフリカのゴリラでもこれは例外ではないわけです。昔からゴリラというのは大変狂暴な野獣として恐れられていましたから、人はなかなか近づくことができませんでした。しかし、ゴリラもやはり人間が恐かったんですね。ゴリラがきちんと観察できるようになったのは、一九七〇年代に入ってからです。

今西錦司という先生が、一九五〇年代の初めにサル学が始まった当時、「サルのフィールドをやる者はサルになりかわってサルの世界の歴史を記録せよ」と言いました。そこで私たちは野生のサルを追って彼らの生息域に入ってサルと同じように行動し、サルが味わうように彼らの世界を味わうようになりました。その過程でやっとサルが慣れて私たちの行動をサルに気取られず、邪魔されずに、あたかも空気になったような存在になって記録することができるようになったわけです。ゴリラも十数年の歳月をかけてやっと観察できるようになりました。

普通、ゴリラというのは十頭前後の群れを作っていまして、大きな雄が中心にいますね。背中が白くて頭がとんがっています。だいたい体重が二百キロ前後。子どものゴリラが数頭いて、年齢がまちまちです。雌は、これは本当に「おばさん」という感じ。百キロ前後の体重をしています。

ゴリラの集団は、一頭の雄に複数の雌という構成をしているんです。生まれたばかりの赤ん坊は体重が二キロ弱で毛がまだムクムクしていますね。母親と娘は顔が非常によく似ていますね。十歳になったばかりの雄は、まだ胸の筋肉が発達していなくて小さいですね。顔もまだ少し幼い感じを残しています。でもお腹がもう十分に張ってきてタイコ腹になっています。あと三年もすれば背中の毛が白くなって十分に成熟した雄になるという段階です。四歳のゴリラは、本当に足が短くてお腹が大きくてダルマさんという感じです。このぐらいがちょうどゴリラらしくなっていく時期なんですね。二歳と三歳のゴリラは、まあやんちゃ坊やといったところですね。一番こいつらに気をつけないと、好奇心を持ってやってきますから、我々が邪魔をされてしまいます。

ゴリラの「遊び」と「笑い」

まず、ゴリラの行動の中で、遊びという行動を紹介しておこうと思います。私たちは、毎日日常生活で様々な遊びをしていますね。それは、人間に当然のことだと思っていて、あまり疑問に思わないかもしれませんが、動物の生活にはほとんど遊びがありません。ただ、子どもにはやはり遊びが頻繁に見られます。ゴリラは、年齢の違う子どもたちが結構よく遊びます。この遊びというのは、実は人間の遊びと非常に共通したルールによって行われています。

遊びというのは、「お互いが積極的にならなければ成立しない社会交渉」の一つです。これは遊び以外の社会交渉と違うんですね。例えば、誰かが誰かを攻撃する。これも一つの社会交渉ですよね。でも、これは攻撃する方が積極的であればいい。それから相手に何かをあげるという行動がある。これもあげる方は積極的で、物が手から手へ移れば社会交渉として成立しますよね。ところが「遊び」というのは役割が何度も交代します。追いかけたり追いかけられたり…。取っ組み合うという行動がありますね。これはどちらかが一生懸命取っ組んでいても、片方がやる気がなければ成り立ちません。追っかけ合うというのも、どちらか一方だけが追いかけていても成立しません。一方が相手を追いかけて、またその役割を交代して逆の方が今度は追いかけるというところに、遊びの面白さが出てくるわけですね。

そうすると、相互のやりとりが続いていくために両方の積極性がなければならないのですが、そのために実は面白いことが起こります。取っ組み合いをする時、年齢が違うから上になった方が力が強いわけですね。下になっている小さい方が本来力が弱い。ただ、上になった方は自分の力を半分か、あるいはそれ以下に下げて小さいゴリラに合わせようとします。そうすることによって、小さい方のゴリラの積極性を引き出すわけですね。下になっている本来力の弱いゴリラは、自分の力を普段よりももっと精一杯あげて、遊びをエスカレートさせようとします。

そういうことによって遊びは面白くなるし、なおかつ持続性が出てくるわけですね。このように体の大きい方が力を抑える行動を「ハンディキャッピング」と呼んでいます。つまり、大きい方がハンディキャップを自ら背負って、本来力の弱い小さなゴリラに合わせること、これを「ハンディキャッピング」というわけです。例えば大きい方のゴリラが足を折って座って遊ぶことがあります。これは立ってしまったら、取っ組み合っている小さなゴリラよりも背が高くなってしまうので、相手に威圧感を与えてしまう。ですから、わざわざ座って付き合っているわけです。そういう切り替えがきちんとできます。ゴリラは、同時に何頭ものゴリラと遊ぶことができます。かなり複雑な自分の力の調整というものをやっているわけです。

私たちは二人遊びや三人遊び、ひいては百人遊びということも行えないわけではありません。そういう時に、無意識のうちに自分の力というものを調整しているわけですね。様々な相手に対して、この相手にはこういうことをやった方がきっと遊びがエスカレートするだろうとか、おそらく考えもしないでやっています。それは、人間が持っている言語とかいうものよりも、もっと以前に獲得された行動かもしれません。つまり、言葉や頭で理解するよりも、身体で「この相手に対しては恐怖心を与えてはいけないし、何よりもこの人と楽しく遊ぶためにはこういうふうなことをすればいいはずだ」ということを体得的に、あるいはもっと言えば誰にも習わないのに分かっているのかもしれません。ゴリラの遊びのテクニックを見ることによって、我々人間も実はこういうことをやっていたんだなということが理解できるわけです。

ゴリラでは大人の雄同士が遊ぶことがあります。動物では、大人の間の遊びというのはめったに見られません。ただし、類人猿…オランウータンでもチンパンジーでもゴリラでも、例外的に大人同士で遊びます。その時に、楽しげな表情が浮かぶことがあります。こ

マウンテンゴリラが遊びの最中に笑い声を出しながら笑い顔を浮かべている。

れは一見すると何か恐ろしげな顔と思われる人がいるかもしれませんが、ゴリラにとっては笑いなんです。口を開いて唇の両端を少し上にあげて目をなごませている。これはゴリラにとっては明らかに嬉しい笑いです。こういう表情をplay face（遊びの顔）という風に言います。

このplay faceは真猿類という段階になってから類人猿にいたるまでかなり共通した顔の表情です。そして、これは人間の喜びの表情であるLaughter「笑い」と似ている。我々が一般に言う「笑い」というものに通じる顔の表情だというふうに言われています。

ただ、もう一つサルには全く別の意味をもつ顔の表情としての「笑い」があります。サバンナヒヒやニホンザルは口を大きく開けて歯ぐきを露出させる。これは、私たちの用語でgrimaceと言います。grimaceというのは歯ぐきを出すという意味です。私たち人間が見ると笑っているように見えるので、「楽しそうに猿が笑っているじゃないか」と思うかもしれません。でもそれは大きな誤解で、実は弱いサルが強いサルに対して、自分に相手と闘う意思のないことを伝えるときの顔の表情なんです。

サルたちは、互いの力関係をいつも理解して行動します。強いサルの前では弱いサルは自分のしたいことを差し控えるという傾向があります。ですから、弱いサルが強いサルに近寄っていく時に、こういう顔の表情を浮かべないと相手に挑戦したと見なされ、攻撃を受けてしまうわけですね。これがいわゆる「サルの笑い」と言われていて、人間で言えばsmileに相当すると言われています。smileというのは微笑ですね。人間の微笑というのも、実は相手との挨拶だとか攻撃の抑止というような社会的な意味に使われていて、もともとは喜びの表現ではなかったと考えられるのです。

ご存知のように人間にはたくさんの笑いがありますね。冷笑だとか哄笑だとか泣き笑いとか、色々な笑いの表現がありますが、サルから由来するものがこの二つです。先ほどゴリラが顔に浮かべていた遊びの笑いのlaughter…まあゲタゲタ笑いとでも大笑いとでも何とでも言ってください。もう一つは微笑、社会的な挨拶あるいは緊張緩和といったような意味を持つsmile。この二つをサルから受け継ぎ、多様に変化させてきたと考えられます。

ゴリラの子どもが遊びのときに笑っている顔の表情はたくさん皺が寄って目が和んでいます。唇の両端が上に引かれて、いかにも楽しそうな顔の表情です。これは誤解なしに「このゴリラは楽しそうだね」と言うことができます。だから、この表情はわりと人間とゴリラで共通しているんですね。しかも、面白いことに(残念ながら声をお聞かせすることができませんが)、ゴリラには**chuckle vocalization**という笑い声があります。これは人間の笑い声とは違って、「グ・グ・グ・グ・グ」という風な声が聞こえるんですね。これが笑いかと思うような声です。でも、ゴリラにとっては笑いなんです。というのは、この顔の表情と全く同じときに出てくるからなんですね。

ゴリラの笑いにも社会的機能があります。仲間に近づいて「遊ぼうよ」と誘うと、誘われたゴリラは**play face**をするんですね。歯ぐきを見せていないですが、口を半ば開けて遊びの誘いに応じています。これは、要するに遊びの楽しさを先取りして笑っている。だから、遊びの誘いに対する了解になっているという風に解釈していいかと思います。

遊びというのは、先ほど言ったように相手と自分との間の力のバランスを取らなくてはいけません。そのバランスを取るために一つの快楽の共有ということが行われます。同じ文脈を共有するという相互の一致が必要なわけですよね。そのときに、こういう顔の表情が使われます。私たちが無意識に行っているような様々な了解事項、社会交渉というのも、実は言葉ではなくてこういう顔の表情とか、あるいはしぐさ、身振り手振りといったものによって了解されていることが多いんだろうと思います。「目は口ほどに物を言い」ということが言われますがその通りです。私たちは、ゴリラと共通なものから、同じ意味を自分たちのコミュニケーションに発展させているのかもしれないんですね。

ただ、ゴリラには人間とは別の意味をもつ表情もあります。ゴリラの目が精一杯見開かれていて、口をアングリ開けることがあるんですが、これを実はゴリラのsmileと我々は呼んでいるんです。ゴリラには先ほど言ったヒヒやニホンザルの笑いの代わりにこういう笑いがあるんですね。サルの笑いは、相手に対して自分の敵意がないことを示して、自分が相手より弱いことを表明するための信号です。しかし、ゴリラの場合にはそのような信号は発達していません。これは相手に対して緊張を和ませる、つまり挨拶的な機能を持った笑いなんです。我々人間の感覚からすると間抜け面といってもいいんですけれども、ただ、面白いことに目は全然間抜けじゃないんですよね。好奇心に輝いているといってもいいかもしれません。

ゴリラが相手を見つめるとき

もう一つわけが分からない行動がありました。これは、最初に見てびっくりしたんですけれども、顔を覗き込む行動なんです。向こうから来たゴリラが手前にいるゴリラに対して顔を近づけています。あたかも何かをしようとしている。ただ、何もしないんですね。私がこの行動に気がついたのは、実はゴリラに全く同じ行動をされたからなんです。ゴリラの研究をするまで私はニホンザルの行動を観察していたのですが、こういう行動というのは見たことがありませんでした。相手の顔をじっと見るというのは、ニホンザルの世界では威嚇になるんですね。威嚇でもおだやかな威嚇といったらいいでしょうか、つまり自分は相手に対してまだ攻撃は加えないけれども、「ちょっとお前態度大きいぞ」という風に見ている目です。人間の世界でもこういう目があります。例えば「お前、眼をつけやがって」ということがありますよね。それと似たようなことがサルの世界でもあります。しかも、ニホンザルの世界では相手の顔をじっと見るということは、ほとんどすべて攻撃…つまり軽い威嚇を意味しているわけですね。

ですから、ゴリラが近づいてきて私の顔を見た時に、私もそれだと思いました。「これはやばい。これは俺に眼をつけているから顔を伏せなくちゃいけない」と。ニホンザルの場合には、相手に顔を見られた時に目をそらせばいいんですね。すると「こいつは自分に関心がない。自分に挑戦する意思がない」と向こうは判断してくれて、その場で威嚇というのは終わります。ところがゴリラの場合には終わらなかったんですね。ゴリラがどんどん近づいてきて、じっと私の顔を見つめて何もせずにいるんですね。で、「これは困ったぞ」と思った時に、ゴリラが去ってくれました。

これは一体何だったんだろうと後で疑問に思いました。それからゴリラ同士の行動を観察するようになりました。そうすると、結構ゴリラ同士でもこういうことをやっていることに気が付くようになったんですね。例えば、大きな背中の白い成熟した雄のゴリラ(これをシルバーバックと呼ぶ)、若い雄、小さな子どものゴリラの三頭が顔を見合わせるということが起きる。実は、この前に喧嘩があったんですね。シルバーバックが若雄を叩いた。そこに仲裁に小さなゴリラが入ってきたわけです。で、顔を見合わせている。もし顔を見合わせるということが威嚇を意味するのだったら、こんなことが起こるわけがないですね。身体の小さな方が大きなゴリラをじっと見たら威嚇と思われて叩かれてしまう。だから、これだけでも、ゴリラの社会ではニホンザルやヒヒのように相手を見ることが威嚇になっていないということが分かると思います。

もう一つ、面白いことがありました。ある時、一頭のゴリラが目の前にある美味しい木の皮を取ってボリボリと食べていました。これはハゲニヤという木の皮でゴリラは大好物なんですね。まるでビスケットのようにホクホクと食べます。このホクホクと食べているところに若い小さなゴリラがやってきて、食べている口元、手元そして相手の顔を代わる代わるに見ます。そうすると、食べているゴリラは、最初唸ったりして嫌そうな顔をしているんですが、そのうちにこの採食場をしぶしぶ離れます。それで、まあ「してやったり」と思ったかどうかは知りませんが、小さなゴリラがその採食場をせしめたんですね。これは、消極的ではあるけれども食物を食べる場所を譲ったという行為なんですね。

なんでこんなことに驚くのかと言われるかもしれませんが、実はこういう行動はサルの社会ではひじょうに希なんです。食物というのは他のサルに分け与えるものでは決してありません。自分で見つけたものは自分で食べます。まず独占して飽きるまで自分で食べます。力が強ければそれができる。弱ければ、強い者が食べ終わるまで待っていなければなりません。先ほど言いましたように、優劣というのは、順位の低い、つまり弱いと思っている方に自分の欲望を抑えさせるように働きます。ですから、この場合だったら小さなゴリラは大きなゴリラが食べ終わるまでじっと待っていなくてはならないはずです。ところが、ゴリラでは相手の顔を見つめるということによって、その採食場から相手を立ち退かせることができる。こんな不思議なことが起こるんですね。これも「見つめる」という行為が喧嘩や相手への威嚇ということを意味しない一つの例です。

もっと驚くべきことも起こっています。背中の白いシルバーバックが二頭向かい合って胸を叩いたことがあります。彼らは大人になったゴリラで非常に力が強い。ゴリラ同士には、大人になってしまうとあまり優劣という関係は成り立たず、双方が対等の立場を固執します。すると、いったん喧嘩をしだすとなかなか終わらないで大怪我になることもあります。そういう時に、若いゴリラが仲裁に入るんですね。そして、お互いを引き分けにさせます。その時に相手を見つめるという行動を使うんですね。相手の顔に自分の顔を近づけてなだめ、双方を退かせてしまうんですね。

なんでこんなことが起こるんでしょうか。これを解釈するにはおそらく一つしかありません。ゴリラの世界では、相手の顔を見つめるということが威嚇にはなっていない。それを誰もが了解しているということ。そして、この仲裁というのが、どちらのゴリラにも味方しないという行動であるということが分かっているということです。つまり、もし仲裁に入った弱い小さなゴリラがどちらか一方の味方であるとすれば、もう一方のゴリラによって敵と見なされて攻撃されてしまうわけですね。それが起こらないのは、この仲裁がただ喧嘩というもの、闘争というものを収めるために、闘争を抑止するために行われた行動であるということが、喧嘩をしようとした両者に分かっているということですね。そういう認知が行われているということです。

これは、サルの社会にはすごく珍しいことなんですね。サルの社会では、どちらの味方もせずに喧嘩を止めることができない。こういったきわめて人間的な仲裁は、人間が言葉を持つから可能になると考えられています。ところが、ゴリラでも実は人間顔負けの仲裁行動ができるわけですね。両方の喧嘩をしている者よりも力の弱いゴリラが、力の強い者同士の喧嘩を抑制することができるわけです。

その後、チンパンジーの研究者と話をしてみて、やはりチンパンジーでも相手の目を見つめるという行動は決して威嚇だけを意味しないということが分かりました。よく聞いてみると、類人猿では相手とむしろ親密な交渉をしたい時に相手の目をじっと見つめることが多いようです。逆に威嚇の時には相手の目を見つめない、注視しないことが多いようです。それはニホンザルやヒヒとは逆なんですね。ニホンザルでは相手を威嚇しようとするときに相手を見つめ、相手と親密な交渉を取りたいという時には相手の目をあまり長いこと見つめずに交渉します。

異文化理解の困難さ

こういうことがなぜ起こったんだろうか。つまりそれは、最初に私が申し上げましたが、進化の過程でそれぞれの系統によって独自の意味が付与されて違いが生じたと考えられます。人間同士でもちょっとした仕草や視線の使い方が文化によって違いますね。そういう違いを知っていないと、とんでもない失態を演じることがあります。例えば、ある社会では挨拶をするときに鼻をこすり合わせたり、相手の匂いを嗅ぎ合ったりしますが、そんなことを日本人の間でやったら、「無礼な奴だ」と言われて排除されるのがオチです。一つの文化ではとても無礼な行動がもう一つの文化では非常に好意を持って迎えられるという、それと同じようなことが実は動物の間にもあるわけですね。つまり、ゴリラみたいな行動をして相手に近づいていったら日本ザルの社会では「何を無礼な奴め」ということで攻撃されてしまうでしょう。ところが、ゴリラの社会ではそれが認められる。そういうことをしっかり認識して彼らの行動の持っている真の意味を理解していくことが必要だろうということです。

野生動物ではちょっとした誤解がその動物にとって大きな悲劇を生むということがあります。その例をご紹介しましょう。それはゴリラの有名なドラミングです。これはおそらく皆さんもお聞きになったことがあるかもしれませんが、ゴリラの雄には成熟すると喉のあたりから胸の下にかけて大きな共鳴袋が発達してきます。この共鳴袋というのは太鼓のようなもので、手で叩くとポンポンポンという軽い美しい音がします。大きな雄はこの胸を叩いて自分の興奮を表現するんですね。これは昔の人間にとっては威嚇に見えました。

冒頭に言いましたが、ゴリラもやはり人間を恐れていた。そのために人間が近づくとゴリラは胸を叩いて自分の興奮を示し、自分の怒りというものを表現した。ただ、その本来の意味は相手を攻撃するためのものではないんです。

ゴリラ同士のこういったドラミング合戦というのを目にしますが、本当に相手に対して飛び掛かって行くときはドラミングをせずに直接相手に飛び掛かって行きます。ドラミングをする時は、なるべく戦いをしたくないんですね。お互いがお互いの誇りを守ったまま別れ合いたいわけです。そのために、自分のドラミングを自分の仲間に、あるいは他の集団に見せ付けて自分の誇りを維持したまま静かに別れ合っていく。そういう形式を取るために大変有効な行動なわけです。しかし、昔の人たちはこのことを理解していませんでした。そのために、ゴリラは非常に攻撃的で、戦いが好きで、しかも威圧的な動物と考えられ、どんどん射殺されました。ゴリラの子どもたちを動物園に送るのに、雄たちがこういう行動を取ると、ただちにこの雄たちを射殺しました。そのために多くのゴリラが殺されたと思います。ドラミングの真の意味が分かったのは、一九五九年、六十年に観察を行ったジョージ・シャラーというアメリカ人の学者が、ドラミングというものを詳細にこの世に紹介してからです。それまでの百年間ぐらいは、ゴリラはこの行動を誤解されたまま射殺され続けたといっても過言ではないと思います。

では、なぜ人間がそれを誤解したのか。人間にとってこの行動は理解しにくい行動なのかといったら、そうではないんですね。例えば、プロ野球で審判が理不尽な判定をします。すると監督が怒ってダッグアウトから飛び出してきて審判に詰め寄りますが、その時に思わず胸を叩くという行動が見られます。あるいは地面を踏み鳴らす、蹴る、棒であたりを叩き回る、何かを放り投げるといった行動を取ります。しかし相手には決して触りません。まあ、時々触る場合もあって問題になるんですが…、ただ本来はこのゴリラのドラミングと非常に似た行動と考えていいですね。それは、自分の興奮、怒り、抗議というものを周りの人間に知らしめることにあるわけです。決して特定の相手に対して怒りをぶつけることではありません。ですから、ちょっとした仲裁が入ることで、その行動が真の攻撃に発展せずにすみます。これは、日本という比較的控えめな表現を好む行動文化の社会ではあまり目立ちませんけれども、アメリカやヨーロッパのような派手なアクションを好む社会には日常茶飯事に出てきます。

年輩の方ならば「雷オヤジ」という表現を覚えていらっしゃると思います。私の親父も雷オヤジだったんですが、怒るときは怒鳴りちらしても、すぐそれは冷めてしまいます。ゴリラのドラミングも、私は体験当初は分からなかったんですが、だんだんゴリラに慣れて見ていくと子どもゴリラたちが周りで観戦しているわけですね。それで、ゴリラの雄が必死の形相で叩いているのに、子どもたちは冷やかし半分に自分の胸を叩いてそれに応答していたりして、一体こいつらは何かと思ったことがあります。そのように、ちょっと距離を置いていれば決して自分に危害が及ぶようなものではないんですね。しかもそれは人間も持っている行動です。だから、昔の人たちは、このゴリラの行動を自分たちの本来持っている行動様式と比べれば、「極めて攻撃的で恐ろしいもの」というふうに勝手な判断を下さずに済んだはずです。そういう誤解がゴリラの悲劇を生んだんだろうと思います。その昔にゴリラのドラミングの真の意味を理解する人がいたとすれば、あんなにたくさんのゴリラが死なずに済んだのだろうと思います。

他者へのまなざし──共存のために

ここで一つちょっとしたまとめをしておきたいと思います。今日は「ゴリラの心をフィールド・ワークする」という題でお話をしていますが、フィールド・ワークするということは、その動物の生活圏に踏み込んでいって、その動物の自然な生活をそのままに記録するということです。そういう状態になるべく近づくことがフィールド・ワーカーの最大の条件です。それをやるために私たちはけっこう困難な壁に突き当たりながら苦労をしているわけです。

しかし、すごく不思議に思うのは、野生動物というのは結局は人間を受け入れてくれます。先ほども言いましたように、ゴリラというのは百年にわたる殺戮の歴史がありました。しかし、一九七〇年代になって、ダイアン・フォッシーというアメリカ人女性が野生のゴリラに近づくことに成功してゴリラと握手をするまでになりました。私が今日ご紹介したゴリラの写真は、このダイアン・フォッシーさんのもとで私が研究をしたときのものです。

ゴリラたちは人間に対して大変フレンドリーになってくれたわけですが、そんなことが実際に我々の社会の中で考えられるでしょうか。野生のゴリラの社会に入っていくと、まず身の回りは全部ゴリラだらけです。その真ん中に立ってゴリラの行動を見ながら逐一記録しているわけですが、例えばこう考えてください。逆に我々の生活圏にゴリラが入ってくる。そしてそのゴリラが我々の行動を四六時中観察しているとしたら我々は耐えられるでしょうか。今ゴリラと言ったからそうなんで、宇宙人だってそうですよね。知らない間に宇宙人が入ってきて…ただ我々は宇宙人と分かっている。ゴリラにとって私が入っていくということはつまり、異質な、ゴリラではない者が自分たちの生活圏に侵入したということを表しているわけですから。

そういう時に私たちは耐えられるでしょうか? 今、他の文化の人間ならば耐えられるという地点にはたどり着きつつあります。肌の色が違う人、違う言語を喋る人、違う風俗習慣で育った人がいたとしても、私たちはそれほど異質には感じません。しかし、もしここにゴリラが一頭紛れ込んでいたとしたら、不思議に思いますよね。私たち人間はやはりそこまでは許容力がない。だけど、一方でゴリラはそれだけの許容力を持っているわけですね。ゴリラに限らず、チンパンジーも持っている。ニホンザルだって持っています。彼らは元々異質な動物たち、異種の動物たちと共存していこうという基本的な生活態度を持っていると私は思います。

人間も実はそういう精神世界に立ち返らないともうやっていけないのではないかという気がするわけですね。私たちは人間の観点から、人間に都合の良いように、人間に最後には利するように全てのことを考えてきました。それはいつから考え出したのか分かりません。でも、もうそれではやっていけなくなっているというのが現実ではないでしょうか。私たちはペットなら理解できます。猫が紛れ込んできても、私たちはそれほど異質な考えを抱かずに猫と共存していけるわけですね。というのは、猫は私たち人間の生活の端々に立ち現れる動物だからです。しかし、野生動物はどうでしょうか? そうは言えないわけですね。それは、裏を返せば、私たちが野生動物の暮らし方を十分に理解していないと同時に、私たち自身が野生というもの、野生の生活というものを知らないからなんですね。

しかも、そこから非常に多くの利益を得、恩恵を得ているにもかかわらず、そういうことを知りません。私たちは動物とは違う生活を作り過ぎてしまいました。でも、やはり野生動物と共存していくということを考えないと、私たちはボーダレスの人間と動物の世界というものを思い描くことはできないのではないかという気がします。

私自身の体験でも、ニホンザルを追ってニホンザルの群れの中で野山を駆け巡っている、あるいはゴリラと一緒にアフリカの熱帯雨林を歩いている時、非常に幸福な気持ちにとらわれます。それは、今現実に皆さんの前でお話している「私」ということから離れて、違う世界の人間というものを理解させてくれるからです。もちろん、それは理解ということではなく、一種の同感とか共感とかいうものに過ぎないかもしれません。しかし、おそらくそういうものを持つということが、私たちが少なくとも動物を理解するときに絶対に必要なものではないだろうかと思います。

生命というものは非常に不思議なものであって、これからも様々な生命に関する考え方が出てくると思います。その中で人間というのはもっと他の動物から学び模索をしていかなくてはならないと思いますが、一つ恐ろしいことは、たくさんの種類の野生動物たちがすでに地球上から消えていってしまっているということです。それは、私たちにとっても将来とても残念な結果になるだろうと思います。それを知るためには、少なくとも私たちの身の回りの自然をもう一度見つめなおして、動物がもっている本来の意味を探ろうという努力、あるいはそういう遊びでもいいですから、触れてみようという気持ちを起こしていただきたいなと思います。

あなたのいのちは今…？

―東南アジア・ヨーロッパ・アメリカの生活体験の中から―

木村　利人

RIHITO KIMURA

一九三四年生まれ、早稲田大学第一法学部卒業、同大学院法学研究科博士課程修了後、チュラロンコン大学（タイ）、サイゴン大学（ベトナム）、ジュネーブ大学大学院（スイス）などで教授、世界教会協議会（WCC）エキュメニカル研究所副所長、ハーバード大学研究員等を経て八〇年以降ジョージタウン大学医学部客員教授。87年以降、早稲田大学人間科学部人間健康科学科教授。同大学国際バイオエシックス・バイオ法研究所所長。CIOMS（国際医科学団体協議会・WHO）国際委員、「メディカルヒューマニティズレビュー」（米・テキサス大学医学人文学研究センター）国際編集顧問、「医学倫理ジャーナル」（英・医学倫理研究所）編集顧問、「国際バイオエシックス・ニュースレター」（早稲田大学人間総合研究センター）編集長。著書に『自分のいのちは自分で決める―生病老死のバイオエシックス＝生命倫理』（集英社・二〇〇〇年刊）などがある。

[redacted]

今日のテーマを、「あなたのいのちは今…?」としました。自己紹介をしますと私は法律学が専門分野でありまして、早稲田大学の法学部で勉強し、大学院に進みました。専門は比較家族法（Comparative Family Law）というんですけれども、その分野で、特に東南アジアに焦点を合わせて研究していました。東南アジア各国における親子関係とか婚姻とか親族関係の法律問題がテーマです。本日は東南アジアの話、そしてまた、ヨーロッパでの話、それからアメリカにつなぎまして、今、日本で私たちはいのちの問題をどう考えていったらいいのかということでお話しをしようと思っています。

一九六五年から私はタイのチュラロンコン大学という所で教えていました。この大学はタイの有名なチュラロンコン大王の名前に由来します。ちょうど日本の明治天皇と時代的に重なる時期の在位（一八六八―一九一〇年）でしたが、日本と同じように「お雇い外国人」をたくさん入れて、法律、政治、経済、軍事等色々な分野で近代化に勤めていました。その中で、タイの家族関係法の草案を作り、それをタイ語でタイの法律にきちんとまとめたのが何と日本人なんです。欧米諸国から「お雇い外国人」を雇っただけではなく、「お雇い外国人」として雇われていた日本人もいたんです。これが一九〇〇年代の始め頃からなんですが、この方は政尾藤吉（一八七〇年―一九二一年）という人で、イエール大学法学部出身なんですけれども、その前に早稲田大学の前身の東京専門学校というところで勉強していました。

タイのチュラロンコン大王はヨーロッパの法律顧問官ではなく、やはりアジアからの専門家が必要ということで日本人のお雇い外国人に法律を作らせたわけです。私はその事実を知りまして、どうしてもこれはタイに行って、政尾藤吉という人がどういうプロセスでタイの家族法を作ったのか知りたくなりました。

そのようなわけで私はタイに行きまして、五年間研究し、チュラロンコン大学で教鞭をとっていました。実はもう一つの仕事がありました。それは、タイのキリスト教学生運動の総主事としての活動です。ご存知のようにタイは宗教には非常に寛容な仏教国で、キリスト教の影響を受けた学校は色々ありましたが、学生がイニシアティブを取って行うキリスト教の学生運動はまだ生まれて間もない頃でした。そこで、この運動体の責任者としてどうしてもアジアからの人材が欲しいということで、私は早稲田でそういうキリスト教学生運動のリーダーとしての経験があったものですから、ＷＳＣＦ（**World Student Christian Federation**）から派遣されて、タイに約五年間住み込んでキリスト教学生運動（ＳＣＭ）を行い、それで法律専門家としてチュラロンコン大学でも教えていたわけです。

その後、ベトナムに行き、サイゴン大学で二年間法律学を教えていたわけです。そこで出会った出来事が私をしてバイオエシックスに向かわせる事になりました。

枯葉作戦の衝撃とバイオエシックスとの出会い

ベトナムでは二つの大きな体験をしました。まず一つは、枯葉作戦の衝撃です。或日の午後、学生が家へ遊びに来ました。彼は片手がない男子学生です。当時は一九七〇年代ですのでベトナム戦争のさなかです。後で聞いたことによりますと、自分で腕を傷つけて兵役を免除するという行為をした人だということでした。その学生が「教授、今何を食べていますか」という質問をしたのです。突飛な質問なので私は驚いて、どういう意味ですかと聞いたら「今何を食べているか」と。食べているものというと、お米があって、海産物…ベトナム料理は海産物が豊富で非常においしい所ですし、エビとか魚とかを食べているという話をしたのです。そうすると僕の顔をじっと見て、「先生、それはやめた方がいい、注意したほうがいい」と言ったんです。そう言われても、エビとかはマーケットへ行けば非常に安い値段で買えたものですから、どういう意味だかわからない。

すると、彼はベトナム戦争で中部山岳地域その他に散布されている枯れ葉剤の主成分のダイオキシンが、ジャングル地帯から近くの川に流れ出し、そして沿岸へいってプランクトンの中に入って魚とかエビとかの中に蓄積されているというのです。ですから、これを食べると大変だということを地元の人はみんな知っているというんですね。「木村先生みたいに来たばっかりの人は知らないかもしれないけれど、注意した方がいいですよ。先生の遺伝子に傷がついて、次の世代に欠陥のある子どもが生まれる恐れがありますよ」と言われました。これはもうたいへん驚きました。

その後、ベトちゃんとドクちゃんの話がでたりして、日本でも少しずつ知られてくるようになりました。ダイオキシンという枯れ葉剤の主成分は元来除草剤と言いまして、今でも早稲田大学人間科学部のある所沢というところでもダイオキシン汚染が非常に大きな問題となっていますが、遺伝子に影響を与えます。ベトナム戦争は、ジャングルに潜んでいるベトコンのゲリラを見つけるために、ジャングルを枯らしてしまうということで始まったということでしたが、実際はベトナム民族の資質を低下させて、次の世代に健全な赤ちゃんたちが生まれないようにする作戦だったのではないかということを、みんなもう知っていたわけです。

その頃、サイゴンの古本屋街では比較的新刊の色々なアメリカの本をたくさん売っていました。アメリカの軍隊というのはユニークで、図書を車に乗せて軍隊といっしょに移動させる移動図書館車がありました。それが撤退の時に全部処分していくので、アメリカの本がマーケットに出まわっていたんです。その中に、"Biological Time Bomb"「生物学的時限爆弾」という本があり、たまたま私はその本を読んでいたんです。その中に、Gene Warsというチャプターがありました。遺伝戦争です。それを、これから何世代かあとの他の人たちの出来事だと思って私は読んでいたのです。どういうことが書いてあるかというと、生物化学兵器の開発には、人間の生命の本体である遺伝子を直撃するような生物化学薬剤を使っている。この本には将来はアメリカ人の遺伝子には影響はないけれども、ベトナム人の遺伝子には影響があるようなものを作って、そして民族皆殺しをやっていく戦争が始まる、と書いてあります。しかし、ベトナムの人からその場で聞いたのは、もうその戦争が始まっていたんですよね。それは公式には「枯れ葉作戦」という名前であったけれど、実際には民族皆殺しの戦争が、遺伝子を直撃することで始まっていたということをこの学生から教えられまして、これは大変な時代になったと思ったわけです。但し、この枯葉剤の場合は、被害はベトナム人はもちろん、後にアメリカや韓国のベトナム復員兵にもがんや肝臓病などが発病し、南北ベトナム統一後、二十五年を経た現在も被害は拡大しています。例えば、今も遺伝子組み替え食品とか色々な問題がありますが、我々がよほど注意して気をつけていないと、自分たちのいのちが我々の知識を越えたところで専門家によって操作されてしまう、自分のいのちがなくなってしまう。科学技術の悪用、誤用が大変な問題だということにその時気がついたのです。生物化学兵器の開発に伴って、広範囲にわたって枯れ葉剤を撒いて意図的に民族を皆殺しにする。今でもそういうことに気がついていないケースが多いと思うんですが、あの「枯れ葉作戦」というのはベトナム民族皆殺しの作戦なんです。日本語で「皆殺し」といいますけれど、英語のgenocide（ジェノサイド）は、ジーノ（geno-）がジーン（gene）ということですから、遺伝子、種族のことで、サイド（-cide）が殺すという意味ですから、遺伝子をやっつけるという意味です。民族皆殺しですよね。これが大きいスケールで行われていたので、それまで比較民族学とか文化とか宗教とか、あるいは社会的な関係から家族関係の法律問題をやろうとしていた私は専門を変えたのです。人間の生命の尊厳と科学技術の悪用誤用の問題について取り組んでいこうと、私は決意をしました。

これには、時あたかも一九六〇年代の後半から七十年代の初めにかけて、人間の生命の操作が可能になったという時代的背景がありました。科学技術がどんどん進んできますと、例えば生殖医療、赤ちゃんが生まれない人に人工的に介入して生ませるようにしたり、最近ではクローニングがあります。クローニングの技術は、一九五〇年代の終わりから実際におたまじゃくし、カエルなどで実験してどんどん進化しました。生命医学技術の発展に伴って、例えば脳死の問題や移植の問題だとか、医学はものすごく進歩しました。それを生物化学兵器の製造に使えばある特定の集団の人を殺すことのできるような軍事的な利用・応用という現実が生まれました。私は一人の法律家として、人間の基本的権利と生命医科学技術の異常な発達の問題、つまり、よほど注意をしない限り我々は知らないうちに命を消されてしまう、そういう問題を捉え直していこうということで、専門分野を科学技術の悪用誤用、あるいは科学技術の急激な発展にともなう人権の問題と人間の尊厳の問題に集中することにしたのです。

生命倫理についてのキリスト教界の取り組み

ちょうどベトナムでの任期が終わりまして、日本へ帰るか、それとも東南アジアに留まって自分なりの研究をしていこうかと思っていました。ところが、突然スイスから手紙が来て、ジュネーブのＷＣＣ（World Council of Churches）の研究教育機関であるエキュメニカル研究所というのがあるのですが、そこに招かれました。ヨーロッパ人ではなくてアジア人で、できれば法律など社会科学の専門家でアジアの言葉が二つぐらいしゃべれる人で、三十才前後のキリスト者ということで招かれたわけです。当時の日本のキリスト教界では、アジア地域に五年ぐらい住んで、その国の言葉ができる人はそんなにいなかったわけです。ＷＣＣというのはご存知のように世界のキリスト教の一致を目指すエキュメニカルな団体ですので、グローバルな立場に非常に主眼を置いています。私は一九七三年にこのＷＣＣのジュネーブ郊外にあるボセイ・エキュメニカル研究所の副所長として赴任することになったのです。この研究所はジュネーブ大学大学院エキュメニカル研究科を併設しており、私はその教授として「人権論」を担当しました。ジュネーブのＷＣＣへ着任して、今の話のつながりで一番私が驚いたのは、当時既に科学技術に基づいた社会の発展に伴って我々はどのように対応すべきかというプロジェクトをＷＨＯ（World Health Organizaton）と共同してやっていたことです。いのちの問題を今のままで専門家だけの手に委ねておいたら大変な事態になるということで、国際的なレベルで、医療専門家機関の団体であるＷＨＯも、世界のプロテスタントの、オーソドックスを含めたキリスト教の国際的な団体であるＷＣＣも、そういうプロジェクトに共通の目標を見出して活動していました。それが一九七〇年代のことですから、ＷＣＣというのは大変先をいっていたわけです。バイオエシックスというのは、ビオス（ギリシア語のいのち）という言葉と、エシーコス（風俗、習慣、倫理）という言葉が一緒になったものですが、そのバイオエシックスの発想に基づいて、プロジェクトをやったわけです。

国際的に見ればバイオエシックスというのは、いわばキリスト教的な思想と倫理学の背景の中で生まれてきた学問の一つであるといえます。キリスト教の神学や倫理学の背景がないと本当は理解できないのがバイオエシックスなんです。しかし現在は、バイオエシックスは「超・学際的な学問」ということで、例えば自己決定とか公正の原理とか政治、経済、宗教、倫理、医学、哲学、看護学など、色々な学問分野の枠を越えた考え方を入れながら展開されています。そもそもはカトリックのモラル・セオロジーの伝統と、例えば人工妊娠中絶の問題とか安楽死の問題とか人工生殖の問題、そういうものはみんなキリスト教の神学者が長年にわたって考えてきたのです。そしてアメリカで、このバイオエシックスがキリスト教の倫理学者たちによって、学問的に体系づけられて、進歩していくのです。そういう意味でバイオエシックスの教科書が今非常に多く出てきましたが、その教科書を書いている人たちの学問的背景はなんらかの意味で神学に関係があるのです。

そのＷＣＣとＷＨＯの共同プロジェクトとして、一九七五年に私は「ライフサイエンスと人権」という国際会議をエキュメニカル研究所で主催しました。ＷＣＣが一九七三年に開催したGenetics and Quality of Lifeという国際会議のフォローアップをしたわけです。そこでは、今、例えば出生前診断とか遺伝子組み替えの原理とか言われている問題が全部取り上げられていたわけです。私は今から二十年前に『福音と世界』(一九七九年十一月号)に掲載した「生命操作時代の衝撃―バイオエシックスの挑戦」という論文の中で、このGenetics and Quality of Life国際会議の次のような提言を取り上げました。

「第一に教会は人間生命の尊厳、特に新しい生命の誕生に関する倫理的決断に参考となる基準を各教会員に明確に示すべく期待されている。もちろんそれぞれの国や社会的状況によっての異なりはあるが、その国の状況に対応してなるたけ簡明で説得力のある神学的、倫理的ガイドラインが今日ほど求められていることはない」という提言の一番最初に、教会の責任ということを説いているのです。「第二に、教会は遺伝障害児、心身障害者の直面している困難な問題を真剣に受け止め、その施設の拡充のみならず一般社会の差別の意識構造を改革するための具体的行動に率先して参加し、そのために愛の共同体として具体的なプログラムを持つべきだ」「第三に、教会は遺伝との関連で産前つまり出生前診断を受けることを法によって強制したり、地方自治体等の公的プログラムによって住民に圧力をかけたりすることに反対すべきであるということ、さらに遺伝相談が羊水穿刺や他の出生前診断に先立って行われるべきこと、また羊水診断を受ける場合、異常が判明した場合中絶をするというあらかじめの許諾を与えるような書類にはサインすべきではないということを明確に指摘する」という内容でした。このようにWCCエキュメニカル研究所での国際的な研究・教育体験の中で、いのちの問題とキリスト教との深い関連性を学び、私自身もこのテーマで三回も国際会議を組織する事が出来ました。

インフォームド・コンセントという思想

先日、私はビジネス誌の「対談・ついに始まったガン遺伝子治療臨床研究の実像」という特集で、東京大学の医科学研究所の浅野先生と対談しました。この対談で大きいポイントの一つが遺伝子治療における「インフォームド・コンセント」の問題です。遺伝子治療といいますと、非常に高度のテクニックを使って、遺伝病が、例えばガンにしても血友病にしても、あるいは先天的遺伝性の身体障害にしても治るような印象を与えます。しかし、まだ遺伝子治療というのは始まったばかりなのです。そういう評価の定まっていないにもかかわらず、あたかも今世紀最大の治療法が開発されたかのように解説している。そこには問題がある。というのが私の見解です。現にアメリカではインフォームド・コンセントが不十分なままに治療研究が行われ少年の患者の死亡例も出ています。

私が今から約二十年前にこのインフォームド・コンセントという言葉を使った時（みなさん方はもう知っている言葉なわけですが）、医師会の人たちに笑われまして、「インフォームド・コンセントなんていう言葉は日本に定着するわけがない。日本には医師と患者の信頼関係があって、いちいち患者にごちゃごちゃ説明しなくても阿吽の呼吸でやればいいんだ」とか「大体アメリカの個人主義に基づいてこういうことを言うから話がおかしくなる」というようなことを言われました。「アメリカ的なものを日本に入れればいいように言っている」と。しかし、それから二十年たったら、この言葉はほとんどの方々が知っている言葉になってしまいました。今日初めて聞いたという人もいるかもしれませんが、私が使いはじめた頃は全く珍しかったわけです。このインフォームド・コンセントの内容は、いのちの問題に関連してきちんとした情報を自分で持った上で自分で判断し同意するということなのです。前述のＷＣＣの一九七三年のコンサルテーションの成果の一つとして、インフォームド・コンセントの考え方が出てきているわけです。

いのちの問題について言えば、この考え方はいわば専門家にいのちを操作されないための必要不可欠な条件の一つなんです。そもそもインフォームド・コンセントとは、日本語で言うとどうなるでしょうか。インフォームドというのは、インフォーメーションを与えるという意味ですよね。で、コンセントは同意です。すると「説明と同意」となりますが、これでは間違いなのです。医師がこれから行おうという処置について、単に患者に説明して同意を得るというのはインフォームド・コンセントではないんです。そうではなくて、診断の結果、検査の目的を正しく伝え処置についての説明とリスク、もしこの治療法をしたらどういう危険が発生するかということをきちんと言わなくてはなりません。それと、必ず処置の選択肢を明示しなくてはいけないのです。どういう選択肢があるのか。例えば末期の、ガンであれば、その患部の部位によって、放射線療法があったり、手術をしたり、化学療法で薬を飲んだり、あるいは治療しないで、痛み止めを中心に安らかに命を終えるという選択肢もあって、色々な選択肢を説明し、各々がどういうリスクがあるのかということを言って、そして内容的に患者に理解出来る言葉で伝えるといったことを、踏まえてやらなくてはいけないわけです。

今、私は厚生省の先端医療技術評価部会の委員をやっていますけれども、その時に東大医科研病院から出た研究計画について先ほどの対談で触れました。私が審議会に出ていて心外だったのは、研究者の審査申請書類のなかに、この患者は末期でどうせ死んでしまうのだから安全性はあまり問題にしなくていいととられるような表現があったことでした。患者の人権や人間としての尊厳は絶対に無視されてはならないのです。この遺伝子治療は成果があるかどうかはわからない。安全か危険かもよくわからない。しかし、この患者は予後がきわめて悪くてやがて間もなくお亡くなりになるのでやっても問題はないだろうという表現がでてきたのです。私が委員会の時に「これは問題です」と言いましたら、最終的に出てきた書類の内容は修正して書き直してありました。厚生省のホームページでそのディスカッションの内容をチェックできますから見ておいて頂きたいと思います。国民の税金を使って医学の研究費、教育費を支えているのに、先端医療技術の内容が国民の目にさらされないのでは困ります。医者や研究者中心のメンタリティーで考えていた時代は終わったんです。これからは普通の人の言葉でわかりやすく、患者の権利、人としての尊厳、主体性を尊重する医療に変わらなければいけないのです。このことは私が二十年間言いつづけて来たことで、言いつづけていると少しずつ変わっていくのです。

個々人の問題意識が医療を変える

私が今日この講演で強調したいことの一つは、「あなたのいのちは今…?」と考えた時、医師に診察を受けた時に、飲む薬のことだけではなく、本当に診断や処置の内容についてきちんと質問したり、対応したりしているかということなのです。医師の言うことだけを聞いて、質問もせず、詳しく自分のことについての情報を聞かないまま過ぎてしまうこともあるのではないでしょうか。もっとも最近は、お医者さん自身が気をつけて説明する所もあるようで、段々変わってきたところも出てきてはいます。僕たち、あるいは市民がこういう医療におけるインフォームド・コンセントの時代になるように世の中を変えてきたのです。

早稲田大学で、私のゼミの学生が、先日レポートにこういうことを書いてきました。そこには、「私は去年突然入院した。外来で来院し全く予想していなかったのだが、その場で緊急入院となった。自分の身体に対する、また予想だにしない事態や環境で大きな不安と恐怖で押しつぶされそうになった。その中で私はこの四年間で学んできた、自分のいのちに自分が積極的に責任を持つということを思い出し」…なかなかいいことを思い出しますね。私の講義で学んでいますので、括弧して、（自然と身についてしまったのでしょうか）と書いてありますが、「それを強く意識した。勇気を出して少しでも疑問や不安に思うことはとことん医師や看護婦、ケースワーカーや医療事務担当者に尋ね、納得するまで聞いた。私の病気は即時に生死にかかわるものではなかったが、入院は初めての体験で、自分のいのちそのもの（身体や精神のすべて）を直接他人に関与されるのは初めてだった。彼らは初め戸惑ったり不思議がったりしていたが、私が治療や経過、費用や薬などあらゆることを楽しそうにたずねると」、〃楽しそうに〃のところに線が引いてありますが、「次第に丁寧に一つ一つ説明してくれた。特に担当医は可能性や選択肢を細かく教えてくれて、私は自分で自分の身体を治療していることを意識できた」とありました。これはすごいことです。バイオエシックスを実践しているわけですから。

バイオエシックスの問題は二一世紀には「病気」の考え方が大きく変わることに伴って益々大きくなってくると思います。今までは、熱が出たり、風邪を引いたり、怪我したりしたら病院へ行っていたんです。元気だったら健康で行く必要がありません。でも、これからの病気はコンセプトが変わってきます。というのは、遺伝子解析のデータによって自分にどういう遺伝子があるかということがわかる時代になってくるからです。特定の遺伝子を持っている人は大体何歳ぐらいで発病して、どれぐらいでお亡くなりになってしまうかわかってしまう遺伝子があるんです。そういうのを、単一遺伝子というのですが。例えば、ハンチントン舞踏病という単一遺伝子による遺伝の病気は、持っていても全く健康で発病しないまま中年までいくのですが、後で必ず発病するのです。腕や身体が段々自分の意志と関係なく大きくふるえ動くようになってきて、そして脳に遅滞がおきて、意識不明になってきて、必ず四十代か五十代でお亡くなりになる。これは治療の方法がないんです。そういう病気がたくさんあるということがわかってきたんです。全部遺伝子の解析の結果分かってしまうんです。

ある人が言っていましたが、生まれた時にもしあらゆる子供さんにカードを作り、その中に自分の遺伝子のチップを入れておくと、だいたい何歳くらいでどんな病気を発病するかわかるので、その頃を目指して病院へ行けばいいということになります。あるいは、ひどい病気、BRCA1による乳ガンとか、遺伝性の家系のガン、大腸ガンで親が亡くなっているとなれば、病気になる前に手術をして乳房や腸を取ってしまうのです。今は病気ではなく、健康なんです。健康なのに、乳ガンの家系でほとんど間違いなく乳ガンになるというと、乳房をとってしまう。そういうことを実際に行っている人も出てきているのです。

そういう中で、いのちの問題というのはきちんとした情報を自分の手に持たないと大変なことになります。ですから、診断の内容をきちんと告げてもらう。検査の内容もそうです。今日も新聞で読んだのですが、ある人が目眩がして起きられなくなって病院に行ったら、検査、検査、検査で、自分はゆっくり横になりたいんだけれど、痛みの激しい検査をされ続けてくたびれたと書いてありました。けれども、このような人は何のためにこの検査をするのか知らされていないケースも多いのです。それから、前にも少しふれましたがバイオエシックスの原理に基づいたインフォームド・コンセントに沿って処置の内容、選択肢があるかを聞かなくてはなりません。一つの選択肢ではなくて。それから、その場合にどういうリスクがあるのか。リスクがあってなおその上で行う処置の成功率。予後がどうなのか。うまくいくのか。不成功の場合にはどうなのか。それから何もやらない、自分の決定に基づいて治療を拒否した場合はどうなるのか。そういうことも全部聞かなくてはなりません。

私は一九七〇年代のヨーロッパに行って国際的なスケールでそういう患者の権利のためのガイドラインが出来ていることがわかったのです。日本ではごく最近、患者への情報の開示や医師の倫理についての基準がようやく出はじめてきました。日本の伝統、社会的背景が違うわけですが、国際的にみると患者の権利を守るという点では日本は残念ながら大分遅れているのです。遺伝の患者さんの問題を巡っても、アメリカでは教会で教職についていらっしゃる牧師先生とか神父さんの中で、遺伝学を専門として学習されてカウンセリングをしていらっしゃる方がいます。教会の中にいるんです。遺伝というと、どうして自分の家系の中にこういうことがあるのだろうか、なぜだろうかとなります。神様に与えられた自分や家族や病気の悲しみ苦しみをどう克服していくかということに宗教的に前向きで取り組もうとする信者がいるわけですので、教会に専門の人が必要だということになるのです。

自分の命を操作されないために

このいのちの操作への責任と反省に関連してニュールンベルグ綱領の重要性を指摘しておきたいと思います。これはヨーロッパの中では基本的にインフォームド・コンセントの出発点になった文書になっているのです。あらゆる臨床治験は患者・被験者の同意なしに決して行ってはいけないというルール作りをしているわけです。これが背景にあって臨床治験がインフォームド・コンセントの遵守などの厳格な基準にのっとって社会的に受け入れられるようになってきたわけです。

日本でいうと、医学人体実験に関連して一番悪名高いのは七三一部隊です。七三一部隊が中国東北部で捕虜を使って生体実験、生体解剖をしたわけです。ナチスドイツの場合には、強制収容所に収容されていた人々を使って全く同意のない人体実験をやっていたという証拠がはっきりと残っているわけです。アウシュビッツとかダハウとかでやった残虐で非人道的な人体実験に関連して、ナチス・ドイツの医師たちが軍事裁判で絞首刑になりました。その判決文の中で定められた基準が、絶対に同意なしに臨床治験や医学人体実験をしてはいけないということなのです。

しかし問題は、実はそこで得られた色々なデータがそのまま現在も使われていることにあるのです。例えば、気圧室を作って、高所で人間がどこまで酸素が欠乏したら死に至るのか。それから人間はどこまでの風速に耐えられるのか。これは死ぬまで実験をやりました。そういう実験を世界で最初にダハウという所でやりました。それは非常にきちんとしたデータが残っていて、人間を使って死ぬまでやった実験ですから、それは後で使われているのです。どこで使われているかというと、全部初期のＮＡＳＡです。アメリカ航空宇宙局の有人宇宙開発のデータとして使われているのです。

また、ドイツの空軍機が北海に落ち、ドイツ海軍の軍艦が溺れた人を助けるのですが、身体が冷たくなっているものの心臓は動いているのに死んでしまう。理由が分からなかったのです。それで北海と同じような冷たい海水のタンクに入れ、収容所の人間を沈めて、なぜ死んでしまうのか、どうして心臓が動いているのに死んでしまうのかということを調べているうちにわかったのが、脳死という考え方です。脳幹を含む全脳機能の不可逆的停止、元に戻らない停止が脳死ですから、そういう状態になると心臓が動いていても人間は死んでしまうということがわかりました。初めて生きている人間を使っての実験の結果証明できたのです。それから宇宙服を改良して、脳幹、脳幹というのは人間の身体の中で重要な機能をしていますが、脳幹が壊れないように、冷やさないように、脳幹を保護する航空服を作りました。それで、ＮＡＳＡの最初の宇宙服はみんな潜水服のような形で特に脳幹を保護しているのです。

ワシントンＤＣにホロコースト・ミュージアムがあります。これはユダヤ人の虐殺の背景を歴史的に解明したミュージアムで、その五階にある研究所にこのデータが全部残っています。私はそのデータを全部自分の目で見てきたわけですけれども、脳死状態の人間の有様を事実上解明したのはナチスの人体実験だったのです。そして、そういう非人道的研究実験のデータを使っていいかどうかというのがバイオエシックスの大きな問題です。あるから使っていいという意見と、もしそれを使ったら、将来やはり誰かが非人道的な人体実験を正当化することになり、「何千万人の人が助かるなら、一人ぐらい殺してもいいじゃないか」という発想につながるから、絶対に使ってはいけないという意見と二つにわかれています。

バイオエシックスというのは、そういうナチスの人体実験や、最初に述べましたような、人間の命を操作されないために自分は一体どうしたらよいかという情報を手に持たなくてはいけないということをふまえて出てきた学問なのです。キリスト教神学とか人権論、あるいは宗教とか哲学とか倫理学とかいうものを背景にしながら、実はいわば就職差別とか人種差別とか女性解放とか、そういう問題の中で第一線にいた人たちが抑圧に抵抗する激しい人権運動の中で作り上げてきた学問分野なのです。大学の研究室の中で生まれた学問ではありません。例えば、人生の末期を自分なりにどういう選択で生きるか。自分は安らかに命を終わりたい。自分の意識がなくなったら無理矢理延命治療をしないでほしい。そうすると、安らかに命を終えるためには、自分の家でボランティアに支えられながら無理な延命治療をしない生き方ができるのではないかというところから、アメリカでは在宅のホスピスケアが進んでくるということになったのです。命、あるいは死ぬということを巡って一番の問題点は、自分がきちんとした情報を手に持って、そして自分自身の命の今を大切にして生きようという決意です。それがバイオエシックスを生み出す基盤にあるわけです。

温情主義と自己決定

ところで、サイゴンでの二つ目の大きな体験は私の腎臓結石が発病したことでした。実は私はある日サイゴンで背中に猛烈な痛みが走りまして、救急車を呼んで病院に入院してわかったのですが、左側の腎臓に異常があって結石ができていたのです。サイゴンで手術するか、あるいは日本へ帰るか。サイゴンは二年間の任期で行きましたのでその期間は日本に帰ってはいけないという契約だったのですが、病気なので手術のために帰れることになったのです。医者は結石が出れば日本に帰らなくていいと言いました。結石を出すには、とにかく水分を多量にとって縄跳びをするというのですが、これが難しいんです。熱があって痛いんです。水を飲むと大変なので、なるべくビールを飲んだ方がいいのではないかということで、熱があるのにビールを飲んで縄跳びをしましたが出ないんです。結局結石は出ないまま帰国することになり、不思議なことに飛行機に乗ったらパッと痛みが止まったんです。ただお医者さんの言うことは守らなければいけないのでビールだけ飲んでいました。そうしましたら、羽田空港に着くと、「尿毒症を併発した腎臓結石の人で、今まさに死にそうな人がいるということで、大使館から連絡がありました」と救急車が下に来ていて、「あなたは死にそうな顔をしていないけれども、顔が真っ赤だ」と言われました。これはビールのせいだったんです。とにかく、病院へ救急車で運ばれて、翌日診察してから手術することになりました。

どうして私がこの話をするかと言いますと、今でも覚えていることがあるのです。それは、診察室に入ると、前日に撮ったレントゲンの写真が置いてあり、診察室には学生がいるんです。そこは医科大学ですから。そして、医者が私の顔を見ないで学生に質問しているんです。これはどういう症状だと思う、どこに問題があるかなどと学生に聞いているんです。学生がわからないと、だめじゃないか、これは尿管結石なんだよと説明して、こういうときにはどうしたらよいか、と学生に話をしています。石が出ない場合は手術しかありませんと学生が言うと、そうだ、これは手術だと言っているんです。私は非常に真面目ないい患者でしたので、黙ってそこで医者と学生の顔を見ましたが。今では考えられないけれども、患者にはほとんど説明しないという時代だったんです。一九七〇年代の初めの日本の医療というのは。

今日本は少しずつ変わってきましたけれど、質問しない限り答えない先生がいます。質問をしたらいやな顔をする先生もいます。そういう場合は、その病院はやめたり、別の病院へ移ったり、その先生は問題があると手紙を書いたりしなくてはいけないですね。アメリカの病院へ行きますと、「この病院で問題がある人は何でも聞いてください」と壁に貼ってあるのです。「この病院へ来たら患者の権利として人間の尊厳をもってこの病院では対応されます」と。これは患者の第一の権利です。日本は病院の敷居を一歩踏んで入ったら、医療側の裁量にまかせるべきだという考え方です。それは medical paternalism といいまして、社会学的にもそういう言葉がありますけれど、父権的温情主義といいます。医師にまかしておきなさい。レストランでも「おまかせ」というのがありますが、それと同じ「おまかせ」医療です。やはりそれでは自分の命は守れないということになるわけです。しかしその時私は気が付かなかったんです。そういうものだと思っていましたから。

そこで、結石を摘出するのに背中の下部から切開したんですが、その時は一応説明してくれました。さすがに人の体を切るのに説明しないことはありえませんから、最新の医療の方法ですのでこの方法でやります。最新の医療で背中から切ると筋肉を縦に切るので痛まないで治るのも早いと説明してくれたのです。ところが、後日、当時私を執刀した先生のお弟子さんに会いますと、「木村さん大変でしたね。その時先生は実験医療の対象になりましたね」と言われたんです。「今ではほとんど後側から縦には切開しない。それに今は超音波で結石を破裂させる方法もあるんですよ」と。

確かに、全身麻酔の手術でしたので回復もあまり早くなかったわけです。この後、実はハーバード大学に行った時にもう一度発病しました。その時は、約一時間かけて医者が診断の結果と処置の内容をきちんと説明してくれて、最後に何と言ったと思いますか。それは今でも忘れられません。「私はあなたに手術することを勧めます。手術は私が担当します。だけど、もしも手術を受けたくないのだったら、それはあなたの自由ですからしなくても結構です。又、私の態度が気に食わなくて、もし私が手術をするのがいやという感じでしたら、他の先生にも紹介しましょう。データも全部あげます」と言ったんです。これを「セカンド・オピニオン」といいます。私が東京で診断を受けたときには、私の顔もまともに見ないで医者が決めたんです、学生との対話の中で。アメリカでは私の顔を見て、決める決めないはあなたの自由といったのですから、すごい違いです。これが「あなたのいのちは今…?」と問いかけるときのキーワードです。自分が自分のいのちについて責任を持たなければ、世の中変わりません。医者にお任せしていたのでは。

バイオエシックスの基本概念の一つは、「自己決定」という考え方です。その中で自分のいのちの問題を展開していくことの大切さを私は非常に深く感じたわけです。私は自己決定ということをずいぶん論文や著書の中で言ったりして、「木村先生の自己決定という考え方は日本になじまない」とよく言われます。コリント人への手紙の中の聖句に、「生も死も命も全てはあなたがたのものである」という言葉があるんです。これは大変に重要な表現です。あなたがたのものだ。私のいのちは私のものという考え方からバイオエシックスが出てきたんですから。自己決定の真の意味とその重要性がここで指摘されていると思います。

それでも、おしまいの方に、大変聖書的などんでん返しがあります。あなたがたのものであるといっているのに、最後になって、あなたがたはキリストのものであり、キリストは神のものであるというどんでん返しなんですね。私の自己決定は神様との関わりの中での自己決定なのです。自分勝手にやればいいというものではなくて、バイオエシックスの基本の考え方の一つは、人間が人間として連帯して生きていくことの意味を問いかけているわけです。従って、そこに「公共政策」ということが必要になってくるのです。つまり自分が自分の信じるように勝手にやるというのではなく、情報の公開とか公正とかそういう考え方を含めるということです。私も厚生省の厚生科学審議会の委員をしていますけれど、それは公開で市民も交えて「公共政策」を決めていこうという発想が背景にあるわけで、それがバイオエシックスを作り出す基本の考え方になっているのです。欧米諸国では、国レベルののバイオエシックス委員会にも教会関係者がたくさん委員となっています。日本のキリスト者は、神との関わりの中でいのちの問題をどう受け止めていくのか。コミュニティーの中でどう生きていくのか。その中で教会がコミュニティーの中にどういう役割を果たしているのか。やらなくてはならないことがたくさんあると思っております。

いのちのネットワークへの参加を

私は今まで三つの問題点を指摘してきました。第一に東南アジアの生活の中で出会ったベトナムでの遺伝戦争の体験に端を発した遺伝子操作の問題が現在に至るまで展開されていくという飛躍的発展の時代に我々は生きているということです。そして、「病気」の概念それ自体が遺伝子の解析によって変わってきているということの問題点を指摘しました。第二に私自身の手術体験で述べたように、情報がないままに自分の命を操作されることの危険性と問題性です。日本のような医療のパターナリズムがまだまだ残っている状況を絶対になくしていかなくてはいけません。これは外国の考え方とかいうのではなく、人間として生きる、私たちの命を守っていく必要不可欠な出発点の一つであるということです。第三にグローバルなスケールでいうと、ジュネーブにあるＷＣＣならびにＷＨＯなど、今から三十年も前からこの生命操作と倫理問題についてのガイドラインその他を出しているのに、公共政策として日本にはなかなか展開されなかったのです。その背景には、日本の中にはいのちを守るネットワークの展開がなかったということですね。

阪神大震災で、いのちのネットワーク、ボランティア活動が非常に生き生きとしたということがあって、あの年（一九九五年）をボランティア元年という人もいます。私のゼミの学生も二人ばかりすぐボランティアに参加しそれをテーマに卒論に書いた学生もいます。更に、それがきっかけとなっていのちのネットワークに入って、クロアチアへ行ってボランティアワークをし、それから帰国して「難民を助ける会」に入ってカンボジア駐在ワーカーになって、そしてまた日本に帰ってきて難民救済の仕事をし続けているという人もいます。そういうバイオエシックスの展開を臨床医療の現場だけでなく、いのちのネットワークの中に我々が一人一人責任を持って参加していくというのが、グローバルなバイオエシックスを作り出してきた大きな力なんです。

このようなバイオエシックスを作り出す中心にいたのが、実は世界の諸国では女性たちなのです。いのちに直接関係があるのは女性たちなんです。女性たちがいわば今までの学問のあり方を根本的に問い直して、日常生活の体験の中から、いのちを守り育てるための現実的な運動のネットワーク、例えばアメリカではボストンの女性の身体を考える会が一九六〇年代に生まれましたし、世界各地でも女性のリーダーシップが発揮されました。六〇年代から人権を守り差別と闘う争いの中で生まれてきたバイオエシックスが、日本の中でこの阪神地域をきっかけに大きく広がって、コミュニティーの中での運動としてこれからもまた展開されていくことを願っているわけです。そういうバイオエシックスの大きな問題をこれからも自分の課題として、新しい世紀に向かっていのちのネットワークの中でともに考え、実践して行こうではありませんか。

生《ビオス》の奴隷からの解放——輝く命の明日に向けて

野村　祐之

YUSHI NOMURA

128

一九四七年、東京生まれ。青山学院大学文学部神学科卒業、米国イェール大学神学大学院終了。

世界教会協議会ジュネーブ本部（教育部）、ニューヨーク支部勤務。

現在、青山学院大学（キリスト教美術史）および女子短期大学（幼児教育、キリスト教教育、キリスト教学、ルネッサンス研究）、杏林医科大学（生命倫理）非常勤講師。

一九八九年十一月、B型肝炎肝硬変で倒れ、一九九〇年四月、テキサス州ダラスのベイラー大学メディカルセンターで脳死提供による肝臓移植を受ける。この全課程は、NHKスペシャルで「肝臓移植—米国で手術を受けた日本人患者の記録」と題して放映された。

著書に『死の淵からの帰還』（岩波書店）、『輝いてもっと輝いて』（テクノコミュニケーションズ）、『ボランティアのこころ』（ライフ・プランニング・センター）などがある。

今日、皆さんにお目にかかれることを心から嬉しく思っております。本当でしたら私は生きて皆さんにお目にかかれるはずのない人間であるからです。もし肝臓移植手術を受けていなければ、数年前にこの世から存在が消えていた者であるということです。そういう意味で、皆さんとこうして命の時を共に分かち合うことを嬉しく思っておりますし、今日はそのあたりの事を率直にお話しようと思います。

限りある命と臓器移植

最近、日本でも脳死提供による臓器移植が行われるようになりました。臓器移植をしなければ命が助からないほどの病気になる方はそう多くはないでしょう。しかし、ドナーになるのかならないのかという問いの前では全ての人が「私は関係ない」と言えない状況にあるわけです。意思表示カードを目の前にして、答えはイエスかノーしかないわけです。わからないからとぼんやりしていても、それは一つの態度決定になってしまうという状況でもあります。

コンビニエンス・ストアへ行ってもカードが目の前にあったりします。恐ろしい時代になったという気持ちを持たれるかも知れません。

我々は現代、人間として自然に生まれ、自然に育って、自然に死ぬということはありません。妊娠の時から何らかの形で医療のお世話になっています。自然分娩したとしても、子供が熱を出したり、苦しんでいる時、自然まかせだから自分で頑張ってちょうだいという親がいたら、その態度自体が不自然であるわけです。薬をあげたり、医者にかかるということで、命を維持するため手を尽くします。食物や衣服、住居の問題でもそうです。

我々はそうした形で、文化的、社会的、科学的、人工的な、まっさらの自然のままではない仕方で、生活を組み立ててきたわけです。縄文時代の人がどんな生活をしていたか、だんだん分かってきましたが、そこには今の我々が驚かされるほどの、テクノロジーを持った社会がありました。決して自然の真只中で自然な生活をしていなかったということです。そもそも人間であるということは、そういった社会的な生活をする、自然と距離をおいて人間の社会を作るということです。なぜそうするかといえば、それは命を守るためであります。

守った命が永遠に続くのだったら、これはめでたいです。大変な病気になって入院した。お医者さんが決死の覚悟で治療し、看護婦さんが徹夜で守って下さった、お陰で助かった。無事に退院です。しかし、それで未来永劫生きられるわけではなく、いずれ亡くなるのであります。この患者さんを全く手当せずにおいたらどうなるでしょうか。死ぬのであります。結局、人間は最後はどんなに努力しても死ぬのです。だったら、病気の人を助けることに何の意味があるのでしょうか。命をちょっと長引かせるだけで、結局は死ぬからです。では、何のために我々はそんなことを繰り返すのでしょうか。シシフォスの神話というのがあります。シシフォスという人は地獄に落とされ罰を受けます。その刑罰というのは、ピラミッドみたいな山の頂に、大きな丸い石をころがし上げることです。頂上に達した瞬間に石は転がり落ちる。またそれを転がし上げる。また転がり落ちる。それの繰り返しです。繰り返すということが彼に課せられた刑罰でありますけれど、それが人間の営みの運命なのでしょうか。

命を守るために大変な努力を、技術が、科学が、医学が、日夜している今日、最後の死だけを「自然まかせ」にする、人間が生物として自然に死ぬということはもはやあり得ないのです。今や死は選択のことでしかない。家で何の治療も受けず、薬ももらわず最期を迎えるということ自体、昔と違って、今や選択のことがらなわけで、その希望を明確にし、まわりの人の理解、協力を得ない限り、ほとんど不可能でしょう。またスパゲッティをからませたように体にチューブをとりつけられ、濃厚治療を受けながら死ぬというのも選択の出来事です。結局どれかを選ばざるを得ない。自らの手で自らの命を閉じるという方法も、人間に与えられた自由という意味では古来、選択の一つとしてあるわけです。現代人はどっちにしろ自分の最後をどう締めくくるかということを、自分で受け止め責任を持って引き受けざるを得ない状況に身をおいているのです。これは「意思表示カード」が唐突にわれわれに突きつけてきた問題ではないわけです。ただぼんやりとした日常の只中で、意思表示カードがこの問いかけをあらわにしたわけです。これは現代人として生きている上での自由と責任の問題でもあるわけです。

自由と責任

「責任」という字は見るからに恐ろしげです。「責」は「せめさいなむ」、「任」は「かかえこんだ重荷」という意味です。それに小学校の時代から「自由にしていいよ、けれどすることには責任を持ちなさい」と言われます。自由にしていいけれど、ちょっとまちがうと責めを負うことになる。これではアメと鞭です。そんな自由なんていらない。自由なんて考えず何もせずまじめにおとなしくしていれば文句はないんでしょということになる。これが奴隷根性ですね。奴隷というのはふだんは、そこそこの生活をさせられていたようです。奴隷は貴重な財産で、大金を出して買い取っているので、最大限の労働力を引き出すためには、少なくとも食べ物や休息を充分与えなければ経済効率が悪く損してしまいます。ですから大切に扱われたのです。ただし、自らの意志をもち自由を主張するような行動にでると、たちどころに奴隷は見せしめとして酷いしうちを受けた。つまり、自由をあきらめる限り、奴隷の生活はそう悪くはなかったわけです。しかし、自由が人間が生きるために本質的に必要なものである限り、それは非人間的な家畜のような生活だったと言わざるを得ません。

「自由」とは何か。訓で読むと「みずからよし」となります。自分の心の底からよしと思った通り行動できること、それが自由ということではないでしょうか。自分の良心に問いかけ、そこで聞こえる小さな細い声に耳を傾け行動を決断できることです。

それでは「責任」ということはどうでしょうか。漢字のイメージはよくないのですが、英語 responsibility の響きは全然違います。response（応答）する ability（能力）があるということです。自分なりに誠実に、応答すること、それが responsibility だということになります。問いかけを受け止めて、それに応答する。さらに、その応答を受けて、相手がそれに応える時、そこにコミュニケーションが成り立つわけです。

そういう意味でいうと、自らよしと行動に移すこと自体responseすることにつながっていくわけですから、自由と責任とは実はアメと鞭ではなく、全く一つのことの裏表ではないかと思うのです。

そうすると、自らにとって自分の死、あるいは命を、「自らよし」という形で受け止めて行動に移す、応答をしていくというありかたは人間としての自由がさらに深められたことであるわけです。「意志カード」を前にした状況というのは、現代人が突き詰められ押しつけられたのではなく、そういう応答のチャンスが与えられたことだと思います。

十字架のキリスト

一九八九年夏、スウェーデンの教会の大きな大会に招かれ、アジアからの訪問者の一人としてスピーチをしました。たまたま八月九日でした。六日の広島の原爆の日は世界中でよく知られています。スウェーデンでは六日に平和の祈りがささげられます。私が訪れた湖の岸辺にある教会では夕拝で祈った後、小さなキャンドルを子どもたちが折った折り紙のボートに乗せて湖に放つのです。その灯りが波にのってだんだん広がっていく。これは広島の灯籠流しからヒントを得たのだそうですが、闇の世界に平和の光が、広がっていくようにという祈りを込めて湖を見つめる。それで幕を閉じるような礼拝が行われていました。

ところがその三日後、八月九日の長崎のことはほとんど知られていませんでした。長崎は十六世紀に日本にキリスト教が紹介されて以来多分クリスチャンの人口が一番多い町であり、キリスト教を迫害の歴史とともに担ってきた所です。その苦難からやっと解放されたところに、今度は原爆が落とされました。浦上にカテドラルがあります。伝統的にはカテドラルの正面入口には全能のキリスト像があるわけですが、浦上天主堂の場合、そこにあるのはスーパーマンのような全能のキリストではなく磔刑のキリストです。十字架上で苦しみを担うイエスの姿にこそ、自分たちの歴史の過去と現在を重ね、自分たちのアイデンティティを感じとったのでしょう。原爆はその天主堂から五百メートル上空で炸裂しました。十字架のキリスト像は、長崎のピカとドンに全身をさらし受け止めたのです。原爆はキリストをもう一度十字架にかけたとも言えます。砕けたキリストの像は、天主堂の脇の記念館に入っていまして、新たに作り直した十字架像が現在のカテドラルの入口頭上にかかっております。

そのことを申しまして、「その同じ日に平和のために我々に何が出来るかを考え祈ることの集まりに招かれたことをとても嬉しく思う」とお話したのです。聴衆が立って拍手をして下さるなか私が壇を下りていきましたら、前列にうずくまっている人がいて、私のことを拝んでいるのです。気になったもので、「ありがとう」と言おうとしゃがんでみますと、それがマザー・テレサだったのです。大柄なスウェーデン人のなかではうずくまっているように見えたのです。彼女の手に手を重ねますと、喉の奥から絞り出すような声で「タンキューヴェリマッチ・フォール・ユール・ビューティフル・スピーチ」とインド訛りの英語で言って下さいました。

マザーテレサのスピーチを聞こうと、スウェーデン全国から一万人近くの人が集まっていましたので、集会解散後この群集の中から彼女を無事連れ出すのは大変だろうと思っていました。ところが、マザーテレサはほとんど誰にも気づかれずに、ツツツツーっと壁際をつたうように見事に会場から出ていったのです。「マザー・テレサってゴキブリみたいに歩く人なんだ」というのがそのときの僕の印象でした。(笑)

死の宣告

八九年の秋、スウェーデンから帰国後、具合が優れなくて急に太りだし、とうとう呼吸困難になって倒れてしまいました。太っていたのは腹水が溜まったせいで、それが肺を押しあげて、呼吸が出来なかったのです。水を抜いたら九リットル以上ありました。

お医者さんに呼ばれ「あまり先の予定は立てられない方がいいと思うんですけれど」と言われました。予定を立ててもそう長くは生きないだろうというわけです。後で妹に聞いてみますと、一年後生きていたら儲けものだと思った方がいいと言われたそうです。B型肝炎による肝硬変の末期だったのです。

当時四十二才。日本人の平均寿命が八十才くらいですから、マラソンでいえば折り返し地点を廻ったあたりです。そこで突然、お前はもう死ねと言われたようなものです。お医者さんが「何か質問ありませんか」と言うので、とっさに「短くてどのぐらいですか」と聞いたのです。半年とかいわれたら、それなりに心の準備もできるだろうと思いました。そうしましたら、「そうだなあ、十五分ぐらいかなあ」と言うんです。肝臓自体ではなく、腫れあがった静脈が破裂すると十五分くらいで手遅れになり、失血死するのだそうです。

人間の身体を支えている一番の土台は肝臓です。たとえば食べたものは、腸で吸収されると、肝臓でチェックして解毒し、アミノ酸や糖分をその人固有の形に組み替えて血液の中に送り込み、それが全身に回っていくわけです。脳だって肝臓から補給された糖分によって支えられているのです。人間という肉体的存在を根底で支えている肝臓が、僕のばあい、ウィルスとの闘いで硬くなって駄目になっていたのです。血液は肝臓を通れないということで、バイパスを探すわけです。胃袋から食道にかけての静脈が選ばれ、ブクブクと膨らんで数珠繋ぎになって食道静脈瘤を形成します。それが破れると出血多量で四人に一人は死ぬそうです。

ベッドに戻っても、頭の中は真っ白で天井ばかり見つめていました。アメリカにいる時にホスピスでボランティアをしていましたので、人生の最期を、輝かしく、周りの人に安らぎを与えつつ最期を迎えた方に何人もお目にかかりました。そういう人たちの姿が目に浮かび、僕もあのような最期を迎えるチャンスが与えられたのかも知れないと思いました。自分の葬式の準備のリストを作って、枕の下に置きました。そうするうちに心が安らいで自分の運命を受容できそうに思えてきました。

そんなある日、高校時代の友達がひょっこり見舞いにやってきましたが言葉もなくただ座っているだけでした。面会時間終了のアナウンスで立ち上がった彼が、「おい野村、お前、生きろよ」と言うんです。「そりゃ生きたいけどさ」と言うと、「生きたいかどうかじゃない。生きるんだ」と。「でも、肝臓がだめになったら人間だめなんだよ」と言っても「肝臓なんかどうだっていい。生きるんだ」と言うのです。「そうもいかないじゃないか」と言いかけると彼は「俺の肝臓をやるから、それでお前が生きろ」と言うのです。「俺みたいな人間が生きているより俺はお前に生きていてほしい」と。これを聞いて私は彼のことのほうが心配になってしまいました。無事に家に帰れるかなと思ったのです。背中を丸め、病院の廊下を去って行く彼を、私は呆気にとられて見送ってしまいました。彼は冗談からあんなことを言った筈はありません。当の本人がもうあきらめている命なのに、なぜ彼があんなに思いつめたのだろうと考えました。彼にとってかけがえのない命、自分の命と引き替えにしていいくらいに大切な命なのかも知れない。この命は私だけのものではないのかも知れないと思えてきたのです。

命を選べ

命は天からの授かりものだという言い方があります。しかし、「授かりもの」ではなく「預かりもの」なのではないかとそのとき思ったのです。頂いたものなら駄目になったら捨ててもいいかも知れません。ところが、預かりものだとすると、だめになろうと、汚れようと、預けたかたがとりに来た時にはお返ししなくてはいけない。最後までとことん大切に命を運んでいくこと、それが私に与えられた「運命」、責任なのかもしれません。ところが僕は、自分の運命が告知されたとたんに生きる努力はそこそこに死の準備を始めたのです。しかし彼は、「まだ生きている命なのに何を言っているんだ!俺の命と交換してもいいくらい大切なものなんだぞ」と僕に告げたのです。

「生きろ！」この一言を伝えるために彼は僕を訪ねて来たとしか思えません。神様が「生きろ」という一言を伝えるために、彼をつかわしてくれたのでしょうか。あのとき彼は命の言葉を伝えるために使わされた天使であったのかもしれません。

ヨハネ福音書十五章に、「友のために自分の命を捨てること、これ以上に大きな愛はない」とあります。今までこの聖句を、努力目標というか、そのぐらいのつもりで、文字通りに受け止めたことはありません。しかし、聖書も読まず教会にも行っていない彼が文字どおりに示して見せたのです。その愛を僕がどう受け止めるのか。「生きろ。命を選べ」その晩、「命を選べ」という言葉が頭の中にこだましつづけました。

命を選べ――そんな聖句があったでしょうか。翌朝、枕元の聖書を創世記から繰っていきました。するとモーセ五書の最後、申命記三十章十九節にいきあたりました。申命記は全体がモーセの告別説教です。そのいよいよ最後でモーセは神の言葉を伝えて「わたしは命と死および祝福とのろいをあなたの前に置いた。あなたは命を選ばなければならない」と告げるのです。

変な神様だと思いませんか。命と死両方を手の届くところに置くというのです。命だけ置いておいて下さればいいじゃないですか。誰がお腹の減っている子供にパンと石、魚と蛇を与えるでしょう。命と死、祝福と呪い。どちらか好きなほうを取りなさいという状況です。

選ぼうと思えば死を選びとれる。人間はそれ程自由な存在だということでしょう。人間が命の奴隷でないために、神のロボットでないために、自由であるために、生と死が選びとりの出来事として私達の前に置かれざるを得ない。しかしその直後神は切なる思いで、祈るような気持ちで、「お願いだから命を選んでくれ」と言っているのです。

もう一つ気が付くことは、「命を堕性的にではなく選びとりの出来事として積極的に生きよ」という神の呼びかけです。

旧友が訪ねてきて「生きろ」といい、「命を選べ」という聖句に出会い、僕は葬式準備のメモを破り捨てました。葬式の準備をしている場合ではない。痛くても苦しくても最後まで選び取りのこととして命を受け止めていくしかない、自分の運命を徹底的に生の側へとすくいとっていくしかないのかもしれないと思いました。

『大往生』という永六輔さんの本が大変ヒットしました。それまで日本では数字の四まで避けるくらい死ということに目を瞑っていましたが、あのあたりから死を見据えるという動きが起こってきました。ある人は死をしっかり見つめることによって、生の意味、命の重さというものがわかると言い、私もなるほどと思っていました。

しかし、それは違う。それは、生と死を倒錯した考えだと思いだしたのです。死という額縁の中で人生という作品が輝くのではない。人生という作品はあくまでも命の額縁にはまってこそ、本来の輝きをみせる。死は人生の最終章であって、日毎の生を一所懸命生きるとき、自らあるべき時と場を見つけて、落ち着くべきところに落ち着くと思うのです。画竜点睛という言葉がありますけれども、命を見つめ輝かせていったときに、竜の目玉に点がはいるように、その人に最もふさわしい形での死が訪れる。それによってその人なりの人生という作品が完結される。つまり死を前提にした生ではなく、命という額縁にこそ人生を嵌めなければいけないと思うわけです。

移植手術というオプション

年末になると入院患者は一時自宅へ帰ります。ところが、いつ吐血があるかも分からない。家では二四時間、家族が三交替で僕の側で常時見守っていてくれました。ところが四日目あたりから、彼らがまいってきたのです。このままでは僕が死ぬか、家族が先に潰れるかです。家族が頑張れば私が回復するというのなら良いのですが、助かる道はありません。だとしたら、家族を助けるために私の命を早く終えなければならないという、切羽つまった状態になってしまいました。

僕の連れ合いはアメリカ人で、毎日テキサス州ダラスに住む両親に電話で様子を伝えていました。両親の家から車で十五分のところにある病院で移植をやっていることがわかりました。結果的に僕はそこへ行ったわけですが、これが当時世界で二番目に大きな肝臓移植施設で、一年間に約百五十例の肝臓移植をしていました。一週間に三例ぐらいです。ちなみに一番大きな肝臓移植プログラムはピッツバーグ大学病院にあり、年間五百例以上の脳死提供による肝臓移植が行われていました。

ダラスの病院では事前に三千万円準備しないと手術はおろか検査もできないということでした。アメリカの場合、保険が移植をカバーしていますから、個人的にこの額を準備する必要はありません。アメリカには国民保険はなく、自分で意図的に入る保険です。会社や学校に勤めていますと、団体保険に入っています。フリーランスの芸術家や個人商店の経営者などは入らない自由もあるのですが、その人が運悪く移植が必要となったら、現金で費用を準備しない限り手術はできません。貧困層にある人にはメディケイドという医療救済システムがあって、国で金を全部出してくれます。六十才以上の方の移植は、メディケアという高齢者医療救済システムがあって経済面の面倒をみてくれます。僕が出会ったある方の場合、ブティックの経営者で、奥さんが肝臓移植を受けなければいけなくなったのですが、それをカバーする保険に入っておらず、お金がありません。そこで、自己破産をして貧困層に生活を落とし、メディケイドで手術を受けることが出来ました。でも外国から移植を受けに行く場合は全額自己負担になります。

僕の場合、父親が家の土地を担保に銀行から借り入れました。現在も毎月三十万円づつ返済しております。共稼ぎで一人分の給料が全部返済に当てられる計算です。四千万円というのは、マンションを買うような額ですね。大変な金額ではありますが、多くの人が人生に一回は経験する額かもしれません。ただ違うのは、緊急に全額工面しなければいけないので、募金であるとか借金とか大変な思いをされている方が多いのです。

こうして周りの条件は整ったのですが、正直なところ僕は行きたくありませんでした。肝硬変のありがたいところは、最終的に解毒できなくなるためにアンモニアで脳がやられ、意外と安らかに死ねるということです。ところが渡米しての手術となると七転八倒の苦しさを味わわされ、しかももう二度と日本に戻ってこれないかも知れません。いや、その前に家から空港に行くまでに吐血した場合、渋滞した首都高速で救急車も来られないですから、そんな死に方は惨めでいやだと思いました。しかし、寝たきりの私に出来ること、それは後に残る家族や友人にどんな思いを残してやれるか、くらいでした。通夜の席で、「せっかく移植のチャンスが与えられたのだから、行ってくれれば…」という悔いの会話を残して死ぬか、それとも「アメリカに到着する前に吐血しておしまいだった。馬鹿な死に方をしたけれど、出来るだけのことをしてやった」というあきらめの気持ちを残していくか。安らかに死ぬということは僕にとってもはやゆるされざるぜいたくになってしまったのです。七転八倒の苦しみを引き受ける覚悟で、まわりの気持ちを受け止めていくしかないと渡米を決心しました。

無事アメリカに着くことが出来、検査の結果、移植をすれば助かるだろうという判断が出ました。「移植手術を希望しますか」と言われて私は三日考えました。正直なところ、すぐお願いしますとは、とても言えない気持ちでした。

一つ引っかかっていたのはドナーの問題です。僕が生きることと引き換えに誰かの死があるというのはどういうことなのだろうか。誰かの臓器に支えられながら生きるとはどういうことなのだろうか。それを僕は耐えられるのか。

向こうでは、身体の具合のいいときは近くの教会にも行きました。日本では絶対安静を命じられていましたが、アメリカのお医者さんは、「安静にしていても静脈瘤が破れないという保障はない。だったら今まだ生きているのだから、できるだけあなたらしく生きた方がいい。起きて本を読んだり散歩したりしたいというのだったら、そうした方がいい。」というのです。

これはホスピスの思想でもそうです。末期を迎えたから寝たきりでおとなしく最後を迎えるということはありません。むしろ、「あなたらしくどれだけ生き生きと自由に生きられるか、そのために周りがどれくらいお手伝いできるか」というのがホスピスです。海が見たいといえば、どうにかして連れて行って浜辺で一時を過ごさせてあげるし、患者が希望すればペットと一緒に寝かしてあげるというようなこともします。その人らしく最大限輝くようにということです。アメリカでは、このホスピスの思想が一般病院にどんどん還元されて、普通の病院においても、患者さんのその人らしさを生かすお手伝いをするという形になっています。寝たきりで吐血して亡くなったというより、自分のしたいことをして吐血したほうが、悔いが少ないというのが、アメリカのお医者さんの考え方でした。

預けられた命への応答

とにかく日曜日に病院のすぐそばのメソジスト教会へ通っていました。牧師さんも僕の事情を解ってくれ、教会員で若い息子さんを脳死で亡くされ臓器提供したご夫妻がいるので、よかったら会ってみますかと紹介されてお目にかかることができました。その息子さんは司法試験を受ける準備をするかたわら、ボランティアでホームレスの人たちの宿泊や食事のサービスをしていたそうです。ある晩、宿泊所で最後の確認して戸締まりをし、帰途についたところを麻薬中毒の人に後ろからアイスピックでおそわれ、脳死になったのです。連絡を受けたご両親はドナーカードを手に病院へ直行し、どうか息子の意志を活かして欲しいと申し出ました。心臓、腎臓、肺、肝臓、皮膚、角膜、骨など六十人以上に提供されたそうです。

初めは「息子の死はとても理不尽で、受け入れられない。弁護士になって社会的に不利な立場にある人たちのために頑張ろうとしていたし、そうした気持から出たボランティアだった。それなのにそれが裏目にでてしまった」と思ったそうです。しかし、だんだん、その思いがかわってきた。優しい子だからこそそう望み、だからこそあんな死に方をしてしまったのだ。いかにもあの子らしい最期だったのかもしれない。あんないい子と、短くはあったけれど、人生のひと時を共にできたのは私たちの生涯にとってなんと幸いなことだったろう。せめて彼が願っていたとおり臓器が提供されたことでささやかながらひとつ約束が果せた。彼の意志が多くの人たちの命に光を与えた。そのことを思うと、それがご夫妻にとって、慰めであり、心の安らぎになる。誰に提供されたかはわからないのですが、レシピエントの性別、年令、住む町については報告がきます。仕事で知らない町へ行くことがある。でも、そこがリストにある土地だと懐かしい気持ちがして、空港におり立つとそよぐ風に「おい、元気でやってるかい」と思わずささやいてしまうそうです。息子の角膜がこの町の誰かの目の中で輝いている。息子の腎臓を、身体の中に保ちながら誰かが生きている。そう思うと知らない町ではなくて、息子が先に来ていたと感じ、まだ見ぬ遠戚が住む町のように思われてくる。いまではアメリカのあちこちに血縁者がいるような気がするとおっしゃっていました。

「あなたに会えてとてもうれしい。実際に移植を受けて助かった人と会ったことはないが、君のような人が受けるのかと解ってうれしい。手術が終って落ち着いたらお見舞いに行きたいのでぜひ連絡してほしい」と言われました。別れ際に「今日は息子のことをよく知っている親友が訪ねてきてくれたような気がする。どうもありがとう」と言ってくれました。

ところで僕の身内にもドナーがいたということが判明しました。連れ合いのカレンに弟がおり、彼は生まれながら大脳が欠損し、そのうえ水頭症でした。彼女はその表現を嫌いますが、医学的には「植物状態」で生まれてきたのです。病院にいても治療法がなく家で約二年半の生涯を過ごしました。クリスという名前でした。クリスはクリストファーの略称で、キリストを担うもの、キリストを背負うものという意味です。ある意味で象徴的な名前でした。子供たちはこの小さな弟が大好きでした。けれどもクリスは名前を呼んでも知らん顔。目蓋をうまく閉じることができないので、目を閉じさせてあげなければいけなかったのです。子どもたちは学校から帰ると真っ先にクリスのベッドの所へとんでいきました。クリスは家族の真ん中で輝いていたのです。その当時僕の連れ合いは小学校二年生だったのですが、人間にとっていちばん尊いのは何なのかということに気づいたといいます。お金があるとか、素敵な服を着ているとか、有名な学校へ行っているとか、頭がよいとか、見かけがかわいいとかそういうことはどうでもいい。人間として一番大事なもの、それは命。そしてそれが今ここに息づいていること、それだけが大事なんだ、その他のことはすべてつけ足しなんだと、子供ながらに思ったそうです。

クリスの命が消える時が来ました。当時、角膜提供はすでに行われていて、両親はすぐ角膜を提供しようと思ったそうです。でもクリスは私たちの息子であると共に、子供たちにとって弟でもある。だから大人だけで決めてはいけないと、家族全員でクリスの角膜を提供することを話しあいました。その時、下の二人ははしゃいで、わーい、プレゼントだ。それがいいと言ったそうです。二年生だった連れ合いはそれを聞いてちょっとムッとし、彼らは何も解っていないと思ったそうですが、誰か目の不自由な人がクリスの角膜を通して家族の顔を見ることが出来ると知って提供には賛成したのです。そしてあることに気がついたといいます。クリスは呼んでも返事をしなかったし笑顔も見せず、いつも天井ばかり見ていた。いや、あの子は天井ではなく、天の神様を一生懸命見あげていたのだ。この世の汚らわしいものは何一つ見ていない透き通るようなその目でどこかの誰かが、家族がそっと流す涙やふとうかべる微笑みを見ることが出来るのかもしれない。その思いは現在にまで繋がっています。角膜の提供がなければ、クリスは死をもってピリオドを打たれた過去の存在であると思います。しかしクリスの角膜によって、今日も人生の喜びを、悲しみを受け止めている人が世界のどこかにひとり、もしかしたらふたりいるかもしれないという意味で現在進行形でもあるのです。そして家族は、あの子の短い人生の優しさとあたたかさに満ちた思い出と、角膜提供が誰かの人生にきっと輝きをもたらしたという安らぎと共に今を生きているのです。

先程のご夫妻にしても、息子さんの死は絶対に納得いかない死であるのに、残酷な出来事を暖かい思いと安らぎとで受け止め、思い出す契機になっているのは、臓器提供があったからだと思います。臓器提供をみんながすべきだとは僕は思っていませんが一つの選び取りとして、自分に預け与えられたこの命とこの身体に対してどう応答をするのか、責任を持つのかということの一つの在り方だと思います。死んでしまえば僕自身の人生はおしまいですが、僕の家族、友人は、その死を最後まで担っていかなければいけない。その人たちの担うべき僕の死、その死がどういう形であるかというときに、臓器提供が可能であるなら、それも一つのオプションとして保障されているのが、成熟した社会であると私は信じています。臓器提供の機会が与えられているいうことは、一つ権利が保障されていることで、今、日本の社会はもう一歩成熟した段階を迎えようとしているのではないかと思います。

「アイデンティティ」から「ウイデンティティ」へ

手術後、集中治療室で麻酔から覚めたとき、不思議なものがくるくる回っているのが見えました。何だろうと思ってよく見ると「生きているね、生かされているね。生きているね、生かされているね」という言葉が回っているのでした。誰が生きているのか、生かされているのか。そう思った瞬間、こんどはくるくる回っていた言葉が僕のお腹と頭を行ったり来たりウサギみたいに飛び出しました。「いっしょにね、いっしょにね」と肝臓と脳が対話しているのでした。人工呼吸器がはずされ、連れ合いと看護婦さんが面会に来て、七時間半に及んだ手術が無事済んだことを告げました。すると「知っているよね。もうさっきからいっしょだもんね」と僕の内側でささやく声がする。とても不思議な感覚です。命の泉という言葉がありますが、体の中心で命の泉がこんこんと湧くような、腹の内側がくすぐったいような、強烈な実感がありました。その反面、「自分」という存在感がなくなっている。後頭部から背中にかけてスポーンと抜き取られ、無重力状態の暗闇に放り出されたような感じです。じゃあお化けのような非存在な感じかというと、強烈な命の実感にあふれているのです。

そのとき、こう感じました。肝臓を摘出された時点で僕はこの世での生まれながらの命、野村祐之としての存在を終えていた。肝死したのである。その少し前にもう一つの命が脳死によって終焉を迎えた。肝死した命と脳死した命、マイナスとマイナスが掛け合わされて、新しい命として今ここに生まれたという実感です。アイデンティティといいますが、僕にはその「I（われ）」がなくなってしまった。しかし強烈な「WE（われわれ）」を実感したのです。新しい命の「ウィデンティティ」。僕の造語ですが、主治医や連れ合いには分かってもらえませんでした。でも、僕と同じ頃、六十歳で移植を受けた女性にこれを伝えると、僕を抱きしめ涙を流して、「あなたもそれを感じたのね」と言いました。移植を受けた人全員とはいいませんが、七、八人の人が、それを感じているのは確認していきます。

移植を受けたからということではなく、命とはそもそもそういうものなのではないでしょうか。皆さんがここにいるのには、お父さんとお母さんの出会いの「ウィ」があったからですし、私たちの命は日々食べるという形で、動物や植物の命に支えられて存在しているわけです。若い時は自分一人で頑張れるように思ってしまうけれど、吸っている酸素ですら緑の植物の命の営みを通してプレゼントされているのです。支え、支えられている命。「ウィデンティティ」に支えられてこそ私の「アイデンティティ」があるのです。

ただし臓器移植のばあいは単に偶然の出会いの「ウィ」ではない。そもそも臓器提供したからといって得なことは何もありません。献血だってそうでしょう。では、なぜ提供するのか。見ず知らずのどこかの誰かがそれで生き延びるかも知れない。それによって新しい命を授かるかも知れない。そのことを信じ、望んで提供するわけですからこれは愛、聖書が「アガペー」と呼ぶ愛、無償の愛の形です。僕がいまここに生きている、ということはその愛によって生かされている、ということです。使徒パウロがガラテヤの教会にあてて書いた次の言葉はまさに今の僕の「信仰告白」であります。

「生きているのは、もはやわたしではありません。キリスト（＝アガペーの愛）がわたしの内に生きておられるのです。」（二章二〇節。カッコ内は筆者）

この命を支えるのは偶然の出会いの「ウィ」でもないし強制的な見合結婚のようなものでもない。ドナーとその家族のアガペーの愛によって初めて可能となった新しい命のウィデンティティですから、それをアガペーの「愛デンティティ」といってしまえば駄洒落になってしまいますが、そこに光る真実に目を留めていただければ、と思います。

「ビオス」を超えて

最後に命ということについて多少考えを整理してみたいと思います。まず、漢字の「命」

は生命の命ですが、命令の命でもあります。生命と命令にいったいどんな関連があるのでしょう。調べてみると、「命」という字は元来二つの文字が合体してできたのです。口と令です。口で発せられた令ということで命令というのが本来の意味なのです。「令」は一つ屋根の下、一つところに集められた人が深々と頭を下げている姿をうつしています。つまり一つのところに集められて深々と頭を下げいるところに口頭で命が発せられるというのが字源です。では、誰が命じているのでしょう。古代中国では最上の存在は「天」です。天が命じているのが天命。天が「生きよ」と命じているので「生命」というわけです。「これで終わり」という命令が下る日が「命日」になりますね。それがその人の「寿命」です。その日まで天命を運び続けるのが「運命」というものでしょう。中国の天という概念は人格を持たず人間と対話的関係にはないですが、命をめぐるこの発想には旧約聖書以来の「神」と重なるところがあります。新約でもマタイ伝などは意識的に神を天と言いかえています。

この「命」が日本に伝えられると大和ことばでは「いのち」と読み慣わした訳です。これまた不思議と聖書と響きあうところがあるのです。いのちの「い」は息のことです。息吹きの「い」です。「ち」は生命を生かす霊力のことです。血液を「ち」といいます。命の霊力そのものだからでしょう。母乳も「ちち」で幼児を「ちのみご」といいます。もう一方の親を「ちち（父）」といいますが、「父なる神」という表現も「命を活かす霊力なる神」という言霊を持つと考えるとジェンダーの問題とは別のリアリティーをもってきます。「いのち」とは「息の霊」ということになります。「生きる」ということと「息をしている」ということは語源的に同じでそういった存在が「いきもの」というわけですが、これも聖書の世界とパラレルです。

ギリシャ語では生命をビオスともゾーエーともいいます。現代のギリシャ人のお医者さんに会った折に、命という言葉にビオスとゾーエーがあるけれどと聞いてみました。ゾーエーは駄目だとにべもありませんでした。だって虫でも植物でもゾーエーだからというのです。挨拶では今日あなたのビオスは如何ですかというような聞き方をするそうです。私はなるほどと思いました。ビオスは英語では、「バイオ」という発音になり、最近は新聞やテレビでもしょっ中見かけます。新約聖書の中にもたくさんの「命」という言葉が出てきますが私が調べた限り「ビオス」は七、八回しか出てきません。聖書はビオスに関心がないのです。では聖書の「命」はギリシャ語ではどうなっているかというと圧倒的に多くはゾーエーという言葉です。ところがこちらは、新聞テレビなどには全く出てきません。今の社会は全然それに関心を持っていないかのようです。ゾーエーが英語化した単語をご存じですか。動物園の「ズー」がそうです。

ビオスとゾーエーの違いは端的にいえば自然科学博物館と動物園の違いにたとえられるのではないでしょうか。例えば、ハムスターについて調べなさいという宿題が出たとします。ある子は自然科学博物館へ行って、ハムスターの学名や分類、解剖学的特徴、原産地や分布などを調べて発表しました。もう一人の子は動物園のふれあいコーナーへ行って、「本物のハムスターと遊んできました。名前を付けてあげました。抱っこしたらおしっこされちゃったけどかわいかったです」なんて発表します。どちらの子がハムスターのことをよりよく知ったのでしょうか。どっちもどっちでしょう。ひとりは客観的、分析的にビオスとしてのハムスターを学び、もうひとりは主体的関わりの中でゾーエーとして受け止めました。科学的なものの知り方というのは、客観的、分析的に命をビオスとして理解しようとします。「サイエンス」とはもともと「小分けにして知る」という意味です。分解して一番小さな単位まで分けて、それを元に戻していくと分かった、ということになります。科学という訳語も「分科の学」からきています。ところが、もう一つ別の知り方があります。それが聖書的な知り方だと思います。主体的人格的な深い関わりの中で知る。ゾーエーの交わりにおいてたがいに深く知りあう知り方です。創世記四章一節の「アダムはエバを知った」がその典型でしょう。ではビオスとゾーエーの関係をどうとらえたらいいのでしょうか。

以前、聖路加国際病院の日野原重明先生が若いお医者さんに講演されたのをうかがったことがあります。先生は「現代医療といっても、治すことよりも、検査方法がすごく進んでいるのです。最善を尽くし、しっかり厳密に検査しなければならない。いったん検査結果のデータが出てきたら、治療に移る前にちょっと一息おきなさい。そしてもし、この患者さんがあなたの恋人だったら、あなたの妻だったら、娘だったら、どういう治療をしてあげるか考えて、それをその患者さんにしてあげなさい」とおっしゃいました。さすが名医です。患者の立場からすればすべてのお医者さんがそうあって欲しいものです。僕なりにこれを言いかえさせていただくと、検査するときは徹底的に科学的にビオスを対象とし分析知を駆使しなさい。しかし、一旦治療に入るときは患者さんのゾーエーに向い合う関係性の中で行いなさい、ということだと思います。教育においても同じことがいえます。関係知がいきすぎると「うちの子に限って」と客観的に見ることが出来なくなってしまいますし、逆に分析知がいきすぎると我が子評論家になってしまいます。例えば神戸の少年Aの両親の場合、自筆の文章を見る限り分析知は優れているけれど、関係知が作れていなかったのではないでしょうか。親子の間にビオス的つながりはあってもゾーエー的交りが欠落していたのではないか。僕はそう感じていたもので、あの少年が書いたとされる文章に登場する神様の名前に大変ショックを受けました。「バモイドオキ神」と言うのですが、バモイドオキを一字置きに読んで並べかえるとバイオモドキとなります。偶然の一致でしょうが、確かに彼は「バイオもどきの神」に魅入られその奴隷となって、ゾーエーから乖離した「透明な浮遊状態」の中であのような犯行に及んでしまったのかもしれません。

「失われた息子のたとえ」にみるビオスとゾーエー

ビオスとゾーエーの問題を考えるうえで明快なエピソードが新約聖書にあります。「失われた息子（放蕩息子）のたとえ（ルカ十五・十一以下）」です。

息子が相続分の財産を求めると父親は「自分のビオスをわけあたえた」と原文にあります。新共同訳では「財産」と訳していますが文語訳、口語訳では「身代」となっています。なかなかシャレた名訳だと思います。

さて息子は父から受けたビオスを散財し「ゾーエーを粗末にしてしまった」とギリシャ語では書いてあります。その結果、不浄な動物とされる豚のえさを横取りして食べたいほどの状況に陥った。これでは豚以下ですから人間性喪失の極みです。その只中で彼は深く悔い改め、方向転換して父のもとへ立ちかえります。

遠くからその姿を見つけた父親は断腸のおもいで走り寄り、汚れた息子をあるがままそっくり抱きとめ、「死んでいたのに生きかえった」と喜び叫びます。この「生きかえった」は「ゾーエーを再獲得した」という言葉です。

この感動の物語は、ビオスの誤用でゾーエーを喪失した息子がそれを再獲得した話、彼の存在の死と復活の物語です。この世では目先のビオスに気をとられがちですが、ゾーエーあってこそのビオスなのです。うつろいゆく、相対的なビオスを絶対化するとき、人間本来の「命」は転倒し、ゾーエーとのつながりがねじれ、ちぎれてしまう。その状態を聖書は「罪」と呼んでいるのではないでしょうか。

たしかにビオスをつくして飾りたてたソロモンの栄華よりゾーエーのままに生きる空の鳥や野の花のほうが美しく、(マタイ六章二十五以下)またわたしたちのビオスの目や、手が罪を犯させるなら、それらを断ち切ったほうが存在全体がゾーエーからちぎれてしまうよりはまだましだ、ということになります(五章二十九、三十節)。

「私と自分」と「ビオスとゾーエー」

ビオスとゾーエーは「あれかこれか」の二者択一の問題ではなく、わたしたちの存在においてこの両者は不可分です。しかし、両者の分裂、混乱はたちどころに自己の崩壊を招くということがわかります。

では、「わたし」という存在において、このふたつはどんな関係でつながっていると見るのが妥当でしょうか。

この両者は並列関係ではなく、ゾーエーが分母、ビオスが分子という分数の分母と分子のような関係なのではないかと察せられます。「命の主」とつながり、個的存在の土台をなすゾーエーの部分が分母です。そして、この世における相対的な存在としての「私、自分」をなすビオス的部分が分子ということになります。

「私」と「自分」には実は微妙な違いがあります「私」はノギ偏にムと書きます。ご存じのように「禾」は穀物を表し、「ム」は囲い込んで確保し取り込む形です。すなわちみんなで協力して収穫した中から「私」の分を腕力で囲い込むような格好です。そのため「私」には私利私欲、私事、私する、など自己中心の後ろめたさがつきまといます。（その囲い込みを左右に払い、解く形が「公」の字です。）それにくらべると「自分」は「自らの取り分」、シェアというか、他者との関係が意識されたうえでの自己に属する部分といった関係性のイメージがあるのではないでしょうか。たとえば関西では「自分＝相手」という広がりを持って使われるようですが、これは「私」にはあり得ないことだと思います。

個人のプライベートな「私的」な部分はビオスにかかわることであり、その保護は他のビオスとの相対的関係において考慮されるべき事柄だといえます。「私的プライバシー」

がビオス的、つまり分子の問題であるのに対し、同じ個人の問題でも自主、自立、自由といった問題は人権にかかわること、すなわち人間としての存在の根底にかかわる普遍的問題、つまり分母であるゾーエーに連なる問題であるともいえるのではないでしょうか。

人間は「生きもの」として生物的、ビオス的に生きているだけでは全人的に命の充実を感じることはできません。自分の属する共同体の中で自分を活かし、関係性において受容されていることを感じる時にこそ自分が活かされていることを実感でき、輝くことのできる存在だといえるでしょう。

介護、看護のありかたにもこのことが如実に見えてきます。いくら医療的に完璧な状態に保たれてもそれで十分とはいえません。「ああ、生きていてよかった。いま自分はいきいきと活かされている」と、その人の自分らしさが輝くような、ゾーエーとのつながりが実感できる配慮が求められるわけです。そのような関係性へと招かれるとき、被介護者のみならず介護者、看護者の存在も共にいきいきと輝き、その仕事にいきがいを感じることができるのです。

人間は自分の力で分母であるゾーエーを確保することはできません。せいぜい可能なことは分子であるビオスを保証しようという努力。そこで、地位や名声を得、財産を貯め、生命保険(!)でそれを確保しようとします。せっかくそこまでビオスの確保に腐心しても、ゾーエーを失ってしまっては、いったいなんの得になるのでしょう。

世間的にはビオスに通じる門は広く大きくそこから入ろうとする人が多いのです。ゾーエー（命）に至る門は狭く細く、それを見いだす人は少ないのが現状なのかもしれません。

「日常生活」におけるビオスとゾーエー

ビオスだ、ゾーエーだ、とギリシャ語を振り回してきましたが、じつはおもしろいことに日本語にもこれと響きあう表現があるのです。

ビオスは英語読みのバイオというカタカナ書きで新聞や雑誌、テレビのニュースに登場しない日はないと申しました。バイオテクノロジー（生命工学）、バイオケミストリー（生化学）、バイオエシックス（生命倫理）、バイオロジー（生物学）、バイオトープ（生態圏）と例をあげればきりがありません。これらの日本語訳をみてみてください。みな「生」という字が使われています。つまり、ビオスの内実は漢字で書けば「生」、同じ「いきる」でもいわば「生きる」ことにかかわる、といえそうです。

それに引きかえゾーエーのほうですが、じつは先程も申しましたとおり「ズー（動物園）」くらいしか身近な例がないのですが、あえていえばこちらは「活きる」と表現できるのではないのでしょうか。ただ息をしているから「生きている」というのではなく、いきいきと「活きている」、命のバイタリティを輝かせるようなしかたで存在している。それが「活」という字には込められていると思うのです。

「生きる」と「活きる」です。たとえば花屋さんで種類別に分けられ値札のついているのは「生花」ですが、それを買ってきて家で活けると「活け花」になります。わたしたちは活けられた花に命の輝きを見、季節を想い、小さな宇宙を感じ、それとの関係性の中でいまここに共にいあわせる自分の存在に気づき、喜びにひたることができます。

もうひとつ身近な例をあげておきましょう。鮮魚店の店頭に並ぶのは「生魚（なまざかな）」です。五歳になる娘が店頭で「パパ、このお魚さんたち、みんな死んじゃってるよ」といったのには参りましたが死んでいても生魚です。ところが、しゃれた料理屋さんの看板には「活魚」とあります。そんな店では魚の「活づくり」なんてものがあったりしますが、あれは、ここまでしてもまだ死なずにピクピク動いているぞという「生きている」ことへのビオス的関心にあるのではなく、活き活きとした命のバイタリティを示し、それを食することで命と命の交歓の喜びを味わってもらいたい、というゾーエーに訴える心意気なのではないでしょうか。それが「活魚」という表現に込められた思いであるような気がします。

さて、「いきる」ということを「生きる」と「活きる」にわけて考えて来ましたが、この二字の用法からもうひとつおもしろいことに気づきます。「生」の字は生物限定で生きもの相手にしか使えませんが、「活」のほうはモノを選ばないようです。たとえば大切な器ですが「しまっておいてももったいないから『活かして』使いましょう」などといいます。そして使い続けているうちにいよいよ限界が来ると「寿命だね」といって別れを告げるなんてことがあります。別にその器が生きているとは思わないのですが、私との関係性において、かけがいのない存在としての命を感じとり、活きていると実感できるのです。このような関係において本当に活かされてるのはじつはそれらのモノではなく、わたしたち自身なのではないでしょうか。同じお茶でも紙コップで飲むのと、孫が誕生祝いにくれた茶碗で飲むのでは全然味が違うでしょう。自分との関係性において命の豊かさ、喜び、充実を感じているのです。

生（ビオス）が活（ゾーエー）に支えられてこそのわたしたち本来の存在が輝く。それを「生活」と、こともなげに表現してしまう日本語には脱帽です。しかもこれを平然と、日々、常々にやってのけるのが「日常生活」だといわれてしまっては、これはもう「おみごと！」というほかありません。

「ゾーエーの出来事」としての復活

さて、命についての聖書の関心はひとえにゾーエーにあるということを見ましたが、それを示す究極の出来事がキリストの受難と復活でしょう。ゾーエーなる主がわたしたちと等しいビオスの形をとられて、わたしたちのただ中に来られ、新しいアダム（人）として人間本来の「生・活」をされ、関係性の内にわたしたちをも本来的な「生・活」へと招かれたわけです。

そんなイエスのビオスは十字架の上でみじめな終焉を迎えます。それまでイエスと「生活」を共にしていたはずの弟子たちは自分たちのビオスに危害が及ぶことを恐れて逃げ去り、おびえながら身を隠していました。

その三日後の出来事は、現代人のみならず、当時の人達、いや、当の弟子たちさえも直ちには信じ難かったようで、その様子は四福音書の記述にうかがわれます。

ところが、よみがえりの主の命（＝ゾーエー）の圧倒的な力と輝きは、それにふれたものの存在を根底から揺るがし、くつがえさずにはおかなかったのです。ビオス惜しさに臆病に逃げ隠れしていた弟子たちが、ビオスの相対性を根源的に認識し、それ以来、死を恐れることなく大胆に「キリスト」を証しだしたのです。この、キリストにおけるゾーエー噴出の出来事を死からの「再生」ではなく「復活」と訳した翻訳者の炯眼にも感心させられます。

復活の主に「出会った」人はたちどころにゾーエーの輝きに打たれたのでしょう。この「関係知」へと招かれた者は、トマスであれ、サウロであれ、自己転回＝回心を体験しゾーエーを再獲得しているのです。いったんそれに気づくともはやビオスの奴隷に止まることはなく、むしろビオスの危険をもかえりみず大胆にゾーエーの輝きに押し出され、それを伝えるべく宣教の途につくのです。そこにはビオスのアイデンティティに固執せず、ゾーエーの交わりのウィデンティティに活かされた喜びの姿があるのです。

ビオスとビオスもどきの魔神が人びとの耳目を奪い、偶像化され絶対化されてますます力を得ているように見える今日、われわれがその束縛から解放され、もはやビオスの奴隷となることなく「命の主」につながってゾーエーの輝きの内に、本来の「日常生活」をいきることとの大切さに気づき、わたしたちの生きかたを顧み、方向転換する必要があるのではないでしょうか。

おわりに

私がビオスの相対性とゾーエーにおける命の深さに触れたのは、肝臓移植の体験を通してでありました。しかしながら、これはそうした特異な体験をした人間だけにいえることではもちろんなく、命を預け与えられたすべての存在に通底する、いわば「存在の真実」

にかかわることではないかと考えています。

さて、手術から二十八日後、僕は病棟を離れ、おなじ病院の敷地内にある患者用アパートに移りました。病棟の玄関を出て久しぶりに外気に触れ、そよ風に頰をなでられたときの心の震えをいまもはっきりと覚えています。いくら快適であっても院内は空気のそよぎから何からすべてが人工的にビオス的に管理された環境です。ところがいま僕の頰をなでた風は大地の草花を揺らし、いささかの土ぼこりをまきあげて天に向かい、木々の葉を震わせ上空の雲を押し流しているのです。見渡すと目の前の芝生の緑が昼の太陽にまぶしく輝き、木々が天に向かって思い切り枝を広げています。そのとき一瞬不思議な幻覚に襲われました。それらの木々がフラダンスを踊っているように揺れて見えたのです。すべての植物が大地からポンポンととびだし、まるでゴム手袋に思いっきり息を吹き込んでふくらませるかのようにプワーッと枝を伸ばし葉を広げます。すべての植物がゾーエーの力に押し出されダイナミックにビオスの営みを展開し、自分らしさに輝いているようでした。

もっともその時には、まだビオスだゾーエーだなどとは考えていませんでしたが、シュヴァイツァーの「わたしは生きんとする命にとり囲まれた生きんとする命である」という「生の畏敬」の言葉（シュヴァイツァー「わが生活と思想より」）を想起し、そうだ、そのとおりだ、とひとりで納得していました。

まだおぼつかない足取りながら芝生の広場を斜めに横切って一歩一歩アパートへと向かいます。途中、連れ合いの肩を借りて歩を休め足元を見ると、偶然、そこにちいさな花が一輪咲いていていました。芝の葉の緑の剣の間で、だれに見られることもなく咲いている一輪の花。その近くにもう一輪発見。そしてその隣にもう一輪！気がつけばあたり一面、見渡す限り芝の花のまっ盛り。その花園の只中に僕たちふたり立ち尽くしているのでした。

患者用アパートにはシーツも家具も食器も生活に必要なものはすべてそろっていて、これからは自炊して好きなものが食べられます。はやる気持ちでキッチンの電燈のスイッチをいれると、床をツツーッっと走る小さな黒い影。そのすばしこさと命のたくましさに感動し、思わず妻を呼びました。すると彼女は血相を変え、手近にあった雑誌をまるめ、健気で小さな命めがけて襲いかかったのです。僕はただ立ち尽くし「逃げろ、逃げろ！」と応援です。さすがにゴキブリ。妻の攻撃を軽くかわして冷蔵庫の陰に姿を消していきました。妻は僕をにらみつけると雑誌をほうり出し捨てぜりふを残して立ち去りました。

「いいかげんにしてちょうだい。あなたは極度に免疫抑制されているのよ。感染したら命取りになりかねないのよ！」

彼女の去ったキッチンで僕は冷蔵庫の裏に向かって語りかけました。

「そこにいるのは知ってるよ。わけあって君とは友達になれないけど頑張って生きていこうね、お互いに」

そういいながら、ひとつ、気がついたことがありました。世界中のゴキブリは、マザーテレサのように歩くのだ、ということです。

それぞれの種にしたがってそれぞれの形をとるビオスとしてのわれわれですが、ゾーエーの息吹きに支えられその輝きでたがいの存在を照らしあいつつシャロームの内に今日一日の生活を全うしたいものです。輝く命の明日に向けて……。

脳死臓器移植論議に見られる日本人の「個人」の始まりと終わりについての考え方

波平　恵美子

EMIKO NAMIHIRA

一九六五年、九州大学教育学部卒業。

一九六七年、九州大学大学院教育学研究科修士課程終了し、一九六八年~一九七一年、テキサス大学大学院人類学研究科へ留学。

一九七六年、佐賀大学教養部助教授（八〇年まで）

一九七七年、Ph.D（テキサス大学）取得。

一九八〇年、九州芸術工科大学芸術工学部助教授・教授（九八年まで）を経て、現在お茶の水女子大学教授。

著書に『ケガレの構造』一九八四年（青土社）、『医療人類学入門』一九九四年（朝日新聞社）、『いのちの文化人類学』一九九六年（新潮社）などがある私がお話ししようと思っておりますのは、脳死臓器移植に関してこれまで議論されてきたことの内容、および、臓器移植という手段を使わなければ生命の危険にさらされるような患者さんをどのようにして救うかという事と、日本人の生と死についての様々な考え方、更には一人の人間が存在しているということは、一体どういうことなのかについてその相互の関係を考えるための提案なのです。提案ですから、何か結論が出るというわけでもないと思うのですが、皆さんが脳死臓器移植論議というものにそういう光を当てて考えてみるのも面白い（と言うと不謹慎になりますけれども）、中々示唆的だと思って下さるよう努めてみます。

コミュニケーション様式にみる日本人の死生観

このテーマで話をする際、私が考えている前提があります。それは、文化人類学という立場から考える場合に、各々の文化には特徴がある、あるいは得意不得意分野というようなものがあるということです。その点からしますと、現在の日本人は、死の問題あるいは個人の存在というようなことを言葉で説明する、言語をもってその観念を明快に表現をするということにおいて、欠ける所が実に多い、得意ではないということです。

ところで、人間として存在している場合、一人一人の人間が集まって集団を作り、その集団がまた日本の国といったような大きな集団を作る場合には、当然のことながら何らかの形でコミュニケーションを取っているわけです。コミュニケーションを取りながら同じ価値、あるいは同じではなくても似た価値の上に立って、一つの社会が成立するのだろうと思います。社会の成員が生存に係る重要事の決定において何らかのコンセンサスを持っていなければ、社会というものは成立しない。これは文化人類学の考え方です。では、日本の社会、文化が、人間の生と死、あるいは人間が存在するということを、言語表現でコミュニケーションするのをあまり得意としないならば、どんな得意手段でもってコミュニケーションをしているのでしょうか。この場合、コミュニケーションというのは非常に広い意味にとって頂きたいのですが、私の立場からしますとそれはパフォーマンスをも含むものだと思うのです。

パフォーマンスというのは、文化人類学でいう儀礼です。人間の生と死、個人の存在、自分自身と自分以外の人間との関係、あるいは相手がそれらの事柄についてどのように考えているのかの確認。また、その間に何かのすれ違いがあるならば、擦り合わせをするそれもまた儀礼を通して行うことが多いのです。日本人は言語的に議論するとか、明快な論理を使って議論するという形ではなくて、儀礼的な表現を使っているのです。

それでは、自分自身だけではなくて人間一般の生と死というものについて、日本人はどのような儀礼の場で表現し、あるいは表現されたものをみて自分自身で納得するのか、あるいは納得しなければ問いかけるのでしょうか。私は、それを葬式の場であると考えております。そのように言いますと、日本人の葬式と脳死臓器移植に一体どのような関わりがあるのかと不審に思われるかもしれません。

日本人の葬式がどんな特徴を持っているかというと、一つにはあたかも全てのことが遺体に対して行われているかのように見えることです。葬式の場で、死者を悼むとか、死について考えるとか、あるいは死ぬことによって個人が残した業績がどんな形で残るだろうかというような観念的、情緒的な表現をする場合、ほとんどが死体に向かって行われる儀礼の形を取るということです。その結果、先進国の中では大変例外的に、葬儀に対して長い時間をかけます。時間的に長いだけではなくて、非常に煩瑣な儀礼をしているのです。もちろん、身元不明で亡くなったとか、事件に巻き込まれて亡くなったとか、遺族にどうしても連絡がとれないとかといった例外的な場合には、随分簡略な葬儀が行われますけれど、しかし一般的には次のように行われています。

今八割近い人たちが病院あるいはそれに関連した施設で亡くなりますが、病室で亡くなりますと、まず看護婦さんと遺族の方が清拭ということをします。清拭というのは身体を綺麗にするもので、かつては湯灌と呼ばれたものです。看護学の中ではこれは感染症を防ぐということで、実際は薬用アルコールが入ったお湯で拭くのですが、とにかく身体を綺麗にするという認識は湯灌も清拭も同じです。湯灌というのはかつては非常に丁寧に行われまして、誰が湯灌をするのか、どのようにするのか、家の中のどの部屋を使ってするのかということが細かく決まっておりました。病院での清拭でも、その時に使う洗面器やタオル、看護婦さんが着る割烹着に似た防御着は、全て普通の患者さんに接する時に使われるものと別なものが使われています。ここで強調されることは綺麗にするということなんですが、それは民俗的にいうとケガレをとるという風に、長い間説明されていました。

次に何がされるのかといいますと、遺体は移動させられます。仏教の場合は、病室から霊安室、霊安室から自宅、自宅から寺院ないしは葬祭場、葬祭場から火葬場、火葬場から遺骨になったものが自宅、自宅で四十九日間置かれまして、その後お寺、あるいは墓地へと遺体は転々と移動いたします（キリスト教の場合はいくらか違うかも知れませんが）。また、仏教では一人で遺体を運んではいけないとあたかもタブーのように言われておりまして、病院でも看護婦さんの人手があれば、一人だけではなくて必ず二、三人、多い場合は四人ぐらいで霊安室に遺体を運びます。遺体を運ぶということが死者儀礼のパフォーマンスの中で最も重要であることが一番明確になってくるのは葬列です。以前土葬していた時には葬式というのは、それイコール葬列をつくり遺体を移動させる葬送と考えられていました。民俗学では未だに葬式とは言わずに「葬送」という言葉を使う研究者もおります。その葬送という言葉の含んでいる意味は、遺体をある地点から別の地点へ動かすということはつまり、死者をこの世の存在からあの世の存在へと移す重要な手続きなのです。

この葬送儀礼というものを通してみて、あるいは先ほどの火葬に至るまでのプロセスをみてもはっきりしていることは何かといいますと、遺体を動かすということで何か重要な意味を伝えているということです。遺体に触れる、遺体を移動させる、それが非常に煩雑なんですね。日本全国で葬儀にかかるお金が平均百七十万と言われていて大変高額なんですが、その理由は、今言いましたように遺体を動かす時に人手がかかるからなのです。そのために葬儀業者の方に支払うお金の大部分が人件費なのです。それだけ沢山の人間がそれに関わらざるを得ません。つまり、絶えず遺体に関わっているということです。葬式では、亡くなった人の身体に向かって、生き残っている人が死んだ人との生前における関係に応じて決められた形で各々の行為、パフォーマンスをするわけです。しかも、一つ一つのパフォーマンスはやり方が決まっており、意味を与えられています。儀礼として様々な行為が行われているということです。

これは日本人にとってあまりにも一般的であるため、なぜそのような事を強調しているのかと思われるかも知れませんが、他の先進国と比べてみますと日本における葬儀の特徴は極めてはっきりしてきます。日本人にとってはごく普通のことですが、お棺の顔のところが見えるようになっていて、遺族や参列者が何度も何度もそこを開けて顔を覗き込むという慣習に代表されるように、遺体に頻繁に接するということがあります。死んだ人の魂だとか、霊魂だとか、そうしたものを全く口にしないわけではありませんけれども、そうしたことが言語表現されるよりも、高い頻度で死者と生者との関係についての観念が儀礼的表現として表されています。その儀礼的表現を細かに一つ一つを押えてみますと、全て生き残った人間が死んだ人の身体に向かって行われるものです。

このような慣習的で儀礼的表現が盛んに行われる一方、宗教的色彩を持った行為がどういったところにあるのかといいますと、仏教の場合、僧侶の方が呼ばれてお経を唱えることに示されています。最近ではお経が口語表現をとっていて、聞いている人に意味がわかる部分もありますけれども、大部分は教典を音読するために、その持っている意味がほとんど分かりません。つまり、経文というのは呪文として捉えられているわけです。つまり、参列者の多くの人々にとっては意味不明なんです。ここで再び強調されているのは、死というものに対する観念を言語が伝えてはいるのですが、呪文の形で唱えられるために、言語として、言語表現を使って死を考える、表現することは充分ではありません。あるいは死についての仏教における観念が半分かそれ以下にしかここでは表現されないということです。

その一方では、死体に対する儀礼的なパフォーマンスは、現在行われているごくごく単純なものを取りましても何十とあります。それはあまりにもルーティン化されていて、自然に行われているため、これが一つの儀礼、これも一つの儀礼という風に並べ立てられると、そんなにあるのかと思われるかも知れませんが、実際に何十とあります。農山村で伝統的な形で行われる儀礼で数えてみますと、百を遙かに超えるくらいの細かな決められた形のパフォーマンスがあります。そういうことからしまして、身近な人の死というものに直面した人たちがどのように人の死に対処しているかというと、まず何よりも死体に向かって対処します。生き残った人間と死んでしまった人間との関係はいかなるものであるか、あるいは生きるということと死ぬということはどのような違いがあるのかということを、死体に向かって行う自らの行為を通して確認し、それを見ている人々はそのパフォーマンスを通して理解するわけです。

『お葬式』(伊丹十三監督)という映画がありますが、この中で繰り返し出てくるのは、亡くなった人のお兄さん、この方は名古屋から東京にやって来たのですが、東京のお葬式を見て絶えず不安に駆られて、名古屋ではそういうふうにしない、こういうふうにするんだと例えば遺体の入ったお棺の置き方などに異議申し立てをするんですね。言われた方はなぜそれにこだわるのか分からない。観客はその場面を滑稽なものとして見てしまうのですが、終始パフォーマンスにこだわり続ける。では、それ以外に一般の日本人が死者を弔うという方法を発達させているかというと、決してそうとは言えません。キリスト教の場合は、死ということ、生きているということ、あるいは自分の最も親しい人の魂が神の国で死んだ後もなお生き続けるということの意味を言語でもって表現し、伝達し、言語でもって個人と個人との間の差違を擦り合わせしていく、そういう文化があると思います。ところが、日本では、ある時期から(一八〇〇年代の始め頃からだと考えられていますが)特に一般庶民の間で葬儀というもの、そして後に四十八年間も続く年忌供養というものが一般化する中で、言語表現よりは儀礼によって人が死ぬということ、生き残るということについての表現をするようになったと考えられます。

日本人にとっての「生の終わり」と「死者」の誕生

それでは、日本人にとって個人の終わり、つまり個人の存在が無になるという時期というのはいつなのでしょうか。それはどうやら段階的になっていて、ある時点をとって、これでこの人は死んだ、死んだこと即ち存在が無になるというようには考えていないと言って間違いないと思います。まず、死の確認の手続きというものが幾つかあります。いわゆる死の三兆候（呼吸が止まっている、心拍がない、瞳孔が開いている）と体温の低下の四つの兆候でもって、家族は自分の身近な人が亡くなったと確認します。この死の確認、というより死の判断あるいは死の認定と言った方がいいかもしれませんが、その段階から、繰り返し繰り返し、死んでいるのか、死んでしまったのか、とまるで遺体にくりかえし問いかけをするかのようなパフォーマンスが始まります。例えば、身体を非常に激しく揺すぶって名前を呼ぶ。それから遺体に向かって呼ぶだけでなく、例えば屋根に上って呼ぶとか、井戸の中の水面に向かって呼ぶとか、後ろの山、背戸の山に向かって呼ぶとか、色々な形式がかつてとられました。現在ではそうしたものはありませんが、病室で臨終のかたを看取った看護婦さんたちに伺いますと、例えば「ご臨終です」と主治医が言った時に、ほとんどの家族の方が亡くなった人の名前を呼んで、身体に取りすがるそうです。

そのことは私たちにとってあまりにも一般的なので、一体何をやっているのだろうと不思議に思うことは少ないかも知れませんが、ここから実は何段階にもわたって究極の死に向かって確認が行われていると言ってもいいかも知れません。自宅で亡くなった場合と病院で亡くなった場合には少し違いますが、病院で亡くなりますと、医師による診断があって、亡くなりましたという告知が家族に対して行われます。その段階で看護婦さんが清拭を致します。その清拭は通常の生きている身体に対する清拭とは違うやり方です。その後、速やかに(どんなに長くても一時間以上は病室に置かないという暗黙のルールがあるかのようですが)、とにかく夜中であっても、出来るだけ速やかに霊安室に移します。この霊安室に移すというのは何でもないことのようですが、欧米の病院では霊安室は存在しません。日本の場合の特別なやり方であることは確かです。自宅で亡くなった場合は、亡くなった部屋から座敷ですとか別の部屋に移します。亡くなった部屋でそのまま通夜、葬式をするということは決してありません。必ず移動させます。

その段階で布団の柄を逆さまにするとか、顔に白い布をかぶせるとか、生きている身体に対しては絶対にやらないようなことが始まります。さらにかつてはタテ棺といって現在の寝棺ではなく、もっと小型であったので身体が暖かいうちに納棺をしていました。地方によってはこの段階で湯灌をすることもありました。非常に特殊な例ですと、家族が全員揃ってお風呂に入れてしまうところもありました。地域によって随分やり方が違いますけれども、これもまた死の確認であるわけです。そこで衣類を着せ替えられます。つまり死んだ人のみが着る着物を、死んだ人のみが着る着方、着物の場合ですと右側の前身頃《まえみごろ》が前になる「左前」と呼ばれる方法で着せられます。

その後またいくつものパフォーマンスがあり、詳細は省略致しますけれども納棺をいたします。納棺をした後に火葬場に持っていく場合でも、あるいは土葬で墓地に持っていく場合でも、ここで初めて蓋に釘を打って棺から遺体が出ないようにするわけです。現在は九八パーセントの遺体に対して火葬を致しますけれども、この火葬場では着火のためのボタンが二つついております。一つは火葬場の職員、もう一つは喪主がそのボタンに指を置きまして一緒にボタンを押すことになっています。これで火がぱっと燃え上がるようになるわけです。その前に職員の方がこれで最後のお別れをして下さいと言って、もう一度そこで遺体の顔を見るということもあります。

さて、これは最後の段階といってもいいと思うのですが、火葬場でボタンを押してそのまま遺族が帰るのではなくて、火葬が終わるまで待ってここで「骨上《こつあ》げ」ということをします。あるいは骨拾いという場合もありますけれど、遺骨が遺体のままの形で、人間の身体の形が分かるように、骨格が残るように火葬し、そしてその火葬された身体を皆で眺めて、その上で身体の一部分ずつを、足は足、脛は脛というふうに拾って骨壺の中に納めます。このように、身体を眺めるというのは火葬の終わった後にまで連なっているパフォーマンスです。最後に身体が骨壺の中に入れられたものが、四十八日間自宅に安置された後、墓地に納められて一応の区切りが付くわけですが、このどの段階においても、よほど特殊な場合でないかぎり、亡くなった遺族、親族、血縁者がずっと関わっていく訳です。

特に今言ったような火葬のやり方というのは、(世界で火葬をする国はたくさんありますが)日本だけなんです。その火葬のために、地方自治体(あるいは自治体の外部団体になっていることもありますが)は、大変な財政上の負担を強いられます。一つの炉だけで一億円するのですが、これはほとんど芸術といわれるほどの火葬のやり方を行おうとするためなのです。赤ちゃんであっても、長い間寝たきりの老人の方であっても、骨がすっかり灰にならずに骨のまま、骨格の残るような形で火葬にするというのは日本だけなのです。なぜそんなことをするかというと、それはその段階、段階で何回にもわたって遺族が死を確認する場をわざわざ設けているということなのです。

それでは、日本人にとっていつ個人の存在が終わったことになるのでしょうか。少なくとも日本の民俗仏教では四十九日まで個人は何らかの形で存在し続けていると考えています。社会的、法的には、医師が死亡診断をして死を確認した時刻が死亡診断書の上に明記され、それでもって個人の存在は無になります。つまり戸籍から抹消され、ほとんどの社会的、法的権利というのはここでなくなるわけです。しかしながら、遺族はそのように全く考えていないかのように、その時点から延々とこれまで述べたような手続きをするわけです。

お葬式の始まる前に何が行われるかというと、仏教の場合、ここで戒名が与えられます。日本の仏教が戒名に対してどのような説明を与えているかといいますと、「日本人は仏教信徒である。しかしながら、普通生きている時には仏教者としての修行をすることが出来ない。だから死んだその段階で本当の仏教者となるための修行が始まるのである」ということです。ちょうど得度をしますと僧侶としての名前を与えられる、それと同じものが死者に与えられる戒名だと説明する訳です。「死装束」と一般に言いますが、仏僧の方たちの解釈では、あれは死装束ではなくて仏教者として、仏教信徒としての修行が始まるための巡礼の衣装だと説明します。

ですが、一般の人々の戒名に対する捉え方は何かというと、俗名の代わりの死者の名前、死者の個人名と捉えています。この死者の個人名はご存じのように、姓はありません。あくまでも個人名です。ここで強調されているのは、あくまでも個としての死者なんです。

妙な言い方ですけれども、個としての死者がここで新たに強調され始めるのです。生前は姓があって名があって、姓というのは家族名ですから、ある家族のメンバーとしての誰々という家族の中の一員であったのが、全くの個人名としての戒名が与えられたとたんに、まさに個としての存在が始めて強調されることになります。改めて強調しますが、奇妙なことに、死者としての個人の存在が非常に強調されるわけです。この戒名は現在ではずいぶんと違ってきていますけれども、位牌の上に書かれ、過去帳の上に記されます。

四十九回忌が済みますと、多くの場合はこの戒名の書かれた位牌は焼かれます。ただし、個人墓と言って一人一人に石碑を建てているところも未だにあり、その場合は石碑の表面に個人の戒名が書かれたものを削って、新たな墓碑として使うこともあります。そういう風に使わない場合は、一旦倒してしまって、横に寝かせてしまうところもあります。私の調査地ではそのようにして横に寝かされた石碑が積み上げられている墓地もあります。つまり、個人としての死者はここで完全に消滅するという意味を示す儀礼が再びここで行われるわけです。

そうしますと、とても不思議なことを言っているようですが、一般的な仏教徒の日本人は、死んだ人が死んだ段階で社会的、法的な個としての存在を抹消されることに関して、決して不同意はしません。つまり同意はします。けれども、それは社会全体の脈絡の中でそうなのであって、家族、遺族、あるいは近親者や血縁者においては、その段階から実は新たな個人として、「死者としての人格」とでも言いましょうか、そうしたものを獲得する、その究極のものが戒名であるということになります。そして、その死者としての個はずっと存在し続けるのではなく、実はここで消滅するというプロセスを辿ります。日本人の死者儀礼は、世界の仏教徒の中でも例外的に、決して社会的な地位が高いとか、あるいは支配者であるとか、上層階級であるということと関係なく、ごくごく一般の人であっても、死後長年にわたって個々の死者のために死者儀礼がおこなわれます。七日目におこなわれる初七日、四十九日の法要、その後初盆、一周忌がありまして、三、七、十三、二十五、三十三、四十九年目の各年という風に儀礼が行われるわけです。盆や彼岸などの年中行事ではその家族の死者全体に対して死者儀礼が行われます。

表象としての儀礼と文化の深層

なぜ私がこの問題に入り込んでしまったのかと言いますと、私の最初の研究テーマは日本人におけるケガレの観念、つまり不浄性だったのです。この不浄性の観念というのは日本人のものの考え方や行動の中に、非常に広くはっきりと見出すことの出来る観念なのです。そのはっきり見て取ることのできる対象として死者儀礼があるのですが、この死者儀礼がこれまで述べてきたように行われていることに対して、それを行なっている人は二つの解釈をします。一つは死んだ直後に最も強い不浄性があります。それが儀礼によって無くなっていき、死者の霊が清められる。四十九回忌が終わった時にはすっかり清められた霊魂になって、先祖の霊と合体します。すると、先程の個性ということで言えば、個人としての死者、死者としての個性というものは全く消滅するということになるのです。もう一つの解釈は、死者として成長しているというのです。死んだばかりの死者というのは、生まれたばかりの赤ん坊と同じように、聞き分けがなくて我が儘である。そして未熟である。ところが、死者儀礼が行われるにつれて段々と、子供が大きくなるように死者の霊も成長し、四十九回忌では大人になり、そして先祖の霊と合体すると説明するのです。

今言ったことを単純化しますと、まず人は生まれます。生まれて次第に成熟していって、身体的な成長と同時に社会的な成熟をしまして、そうして死亡します。一般に考えられるように、ここで全く個というものが無になるのかというとそうではなくて、ここで改めて誕生し直すわけです。つまり死者として誕生します。その誕生したのはちょうど赤ん坊と同じように成熟度が低い段階です。この低い段階から次第に成熟していって、この成熟し終わったところで初めて個としての死者というものが存在しなくなります。葬儀という儀礼が重要なのは、この新たな誕生、死者として新たに誕生させるための手続きをここで踏んでいるからです。

その生と死を分ける最大のものはなんなのかというと、これは「遺体の変成、変態」と人類学では言いますが、死体を変態させるもの、現在であればこれは火葬です。つまり、それまでの身体の状況からは全く違った状態に変えてしまう、劇的に変化させる訳です。それだけではなくて、自分たちでその変化を確認するということなのです。火葬を行う目的というのは、放置してしておけば腐敗して非常に不潔で不愉快であるのでそれを見ないためだとか、放置することによって醜い状態になる遺体を見るのはあまりにも死者を冒涜することになるなど、色々なことを言うことが出来ます。しかし、そのような解釈は矛盾していることがあまりにも多いのです。それはなぜなのかといいますと、今言いましたように、火葬したものをもう一度みんなで見るのです。私が調査をしているところは農山漁村ですが、私が参加した火葬で骨を拾う人の参加が一番多かった例は七十四人でした。その中の一人は赤ちゃんなのです。赤ちゃんからみると自分のおじいさんが亡くなったのですが、赤ちゃんはお母さんに抱かれ、そしてお母さんが骨を拾って壺に入れて、それを赤ちゃんに見せるのです。

ちなみに骨拾いというのは、我々はあまり裏のことを知らないでいるのですが、火葬時間を一時間かそこらに短縮するために大変な高温で焼きます。ところが、骨拾いのために出された時にはもう冷えています。それは温度が下がったのではなく火葬骨を置いてある台の下のパイプに冷水を流して温度を下げているからなのです。そのために、現在コンピュータ制御になっていて、どのぐらいの体重があって、どのくらいの骨格があって、脂質がどのくらいであるかということをコンピュータで見分けて、火力をコントロールするのです。火葬の際、お棺の中に眼鏡のフレームを入れないで下さいとか、あれは駄目です、これは駄目ですと火葬場の職員の方に言われてがっかりすることがありますが、それはコンピュータ制御が狂うからです。おかげで、以前薪で火葬していた時は十六時間近くかかっていたのが、現在一番速いのでは一時間ちょっとです。

また、焼いた後はそれこそ煉瓦がピンク色に光るくらいに高温なのですが、遺骨を、下に冷水を通したパイプのある所の上に置いて温度を下げます。もしもそのまま出しますと、骨そのものが大変な高温で危険なだけでなく、いかにも高温で焼かれたということで泣き出す遺族もいるわけです。それはあまりにも惨いということで、冷やす装置が後から付け加えられました。急速に冷やす装置だけでも大変な金額がかかるのですが、そのおかげで一時間半くらいで骨格がきれいに残ったかたちで遺族の前に出てくるのです。

このような死体を変態させる行為は、自分たちがやっているにもかかわらず、どのような意味があるか何故分からないのだろうとお思いになるかも知れません。あるいは、自分たちが分からないことをやっているのはおかしいのではと思われるかも知れません。しかし、文化人類学ではこのように考えています。つまり、人間にとって最も基本的なこと、人間にとって最も重要なこと、生存にかかわることは、意識の表面に現れにくいと考えています。

例えば、私は今話をしておりますが、話しながら呼吸している訳です。つまり空気を吸いながら話すというとんでもない技術を使っている訳です。呼吸の働きというのは大変な技術、テクニックなのですが、私はそれを全く意識しないでやっています。その呼吸している身体というものを私は全然意識しません。人間にとっての文化の働きはこのようなものだと考えられます。文化というものは、極めて複雑だということです。人間の生と死に対して、特に死という危機的な状況に対して、各々の社会の人々はどのように対処するか。その対処の仕方というものが、その人たちにとっての生存の意味を確認する大変重要な場であることは確かなのですが、ではどんな仕方でもってどのように認識しているのかということの全体はまだよく分かりません。

自分の研究に即し、さらに他に社会の研究を援用しながら考えますと、この「死体の変態」というものを確認するということは、欠くことのできない手段であるのではないか、ということです。ただし死体をどのように変態させるか、あるいはその変態をどのように確認するのかというのは、文化によって、時代によって大変違うのです。山口県のある山村では昭和三五、六年頃まで野焼きをしておりました。野焼きというのは遺族が自分たちで焼くのです。お風呂の浴槽の半分ぐらいの大きさに煉瓦をつんだ非常に簡単なものなのです。そこに先程いいました立て棺を乗せまして、上から枯れ枝や薪を積んで火をつけるという簡単なものです。温度が低いですから、当然のことながら肉や毛髪や内臓が焼け残ったりします。それを遺族は見るのです。なお、地域によっては、まれに葬式組の人が順番で火葬の役を引き受け、遺族は火葬しないというところもありました。そんな惨いことをと思われるかも知れませんが、全国で昭和三十年代までは盛んに野焼きをやっておりまして、それを見るのが遺族の努めなのです。その間、一晩中ついていることもありますし、たくさん薪を積んで翌朝早く行って見るということもありますけれど、そのようについ最近まで自分に語りかけたり、自分自身が身体を抱いた人の身体を焼くのです。今の私たちの感覚からしますとそれは極めてつらくて惨いことですが。それが身近かな人の死を確認する非常に重要な手段であった訳です。

土葬の場合は少し違っておりまして、上に石を置いておくことがあります。棺が中で腐って盛り土が埋もれた時のために頭と同じ大きさの石を置いておくのです。これは日本中で非常に広く見られたのですが、その石が深く土中へ入った時をもって死を確認するためです。この場合はもう一つ丁寧なことをしまして、七年目に、ですから丸五年たったところで一旦土を掘りあげ、骨が白骨化しているのを確認する儀礼がありました。骨を地表に上げてそれを眺める。実はこれを「骨上げ」といったのです。現在は火葬になることによって骨上げが丸五年早まっているといってもいいのかも知れません。南西諸島、つまり沖縄や奄美では現在もほんの一部で行っていますが、七年目に遺骨を全部あげまして、海水で綺麗に洗って真っ白にして頭蓋骨を大きなかめの中に入れ、それ以外をもう一度埋め戻します。これを「洗骨」といいます。

アメリカの場合は、今でも火葬率が五パーセントぐらいしかないのだそうで、日本の場合と随分違って、エンバーミングとよばれる方法を行います。エンバーミングとは、金額の低いものと高いものではずいぶんやり方が違います。一番簡単なのは内臓を開いて臓器を取り出し、それをホルマリンにつけてすぐもう一度内臓に戻します。それと同時に血液の中に防腐剤を入れます。これが最低のものです。つまり防腐処理をするのです。金額が増えていきますと、例えば瞼にシリコン樹脂を入れる、頬にシリコン樹脂を入れてふっくらさせ、さらに血管から防腐剤の入った赤い液を入れて、全身マッサージをして肌がピンク色になるようにします。日本人がこのエンバーミングを見ることはめったにありませんが、日本でも多くの観客を集めたホラー映画でエンバーミングのシーンが出てきたことがあります。そのシーンでは、血管に液を入れて、それをエンバーマーとよばれる人がマッサージをして全身に行き渡らせるのです。これもまた死体の変態なのです。現在ごくわずかですが、インドネシアのある地方で行われていますのは、遺体を椅子に座らせて家の中に置いておいて、遺体の腐る状態、普通の生きていた状態からどんどん腐っていくそのプロセスを見るのが遺族の努めということがあります。腐るという状態、つまり変態、それ自体を見ることによって死を確認するのです。

文化の違う人たちのやり方をみると、それがいかにも惨かったり、奇妙であったり、なぜそんなことをするのか理解できないことがたくさんあります。しかも、もっと大事なことは、やっている人たちにそれを正当化する理論や他の文化の人々に納得させる説明がないということです。それはちょうど私が今呼吸をしながら話すのと同じなのです。吸いながら吐きながら、ほとんど切れ目なく話しております。しかし、自分自身でどんなふうにやっているのか説明出来ません。それと同じようなものだと思うのです。このように文化というものは、自分の存在をかけた非常に重要なことについては、それを行っている人間自身は説明出来ない。文化人類学はそのように説明できないようなものを、厚かましいのですが、行って、調べて、説明しようとするものです。私のように、日本人でありながら日本の文化を説明しているというのは、傲慢といえば傲慢なのですが、そういうことをやっているのです。

脳死―生と死の言語化のはじまり

臓器移植法が成立する前に日本では数年にわたり脳死論議と一般に呼ばれるものがありました。つまり、脳死をもって人の死とするということに、かなりの人々が反対の声を上げ、メディアを通して反対意見を表明しました。「脳死臨調」と呼ばれる、首相によって任命された委員会で脳死臓器移植の是非について議論されるようになりました。しかし、脳死をもって人の死とするということが妥当かどうかという議論で、脳死臨調は二つの異なる結論を並べるという何とも不思議な結果を出しました。

脳死論議に戻りますと、この論議は日本人にとってわかりにくいものでした。何故こういう議論の積み重ねが最終的な結論になるのかということを、あれだけマスメディアが繰り返し繰り返し報道してきたのに、それを今覚えておられますか。ほとんどの方が、詳細には覚えていないと言われるのではないでしょうか。それは議論の積み上げとして行われたとは到底言えないからです。議論の積み上げではないけれど結論が出たというのは、脳死だけが議論されたように見えて、実はその脳死論議が出てくる背景となっている臓器移植とのからみで議論されてきたからです。それは何かというと、ここに臓器の移植を受けなければ一年以内に非常に高い確率で死亡すると思われる重篤な患者がいる。その患者に対して移植をすることの出来る移植医療の技術も人的資源もある。施設もある。そして一方では、そうしたことに賛同して自分の臓器を喜んで提供しようとする人たちがいる。しかも世界では、臓器移植はどんどん件数が進んでいて、海外へ出かけていって臓器移植を受けようとする人たちがいる。ここで日本が脳死と言うことを認め、脳死臓器移植を始めない理由はどこにあるのか。そういう問いかけが、実は脳死論議の背景にあったわけです。言ってみれば、それとの絡みで脳死論議というものは決着がつけられたと私は考えます。すると、伝統的な個人の死、またその人の存在が戒名という個人名を獲得することによって四十八年間生き続けると考える日本人の個人の存在についての観念と、どこでどう折り合って行くのでしょうか。

今のところ、いくつか考えることが出来ます。一つには、生き残った人たちが死体に対して行う儀礼、死者と生き残った人間との関係を調整していく伝統的な従来の儀礼に、もはや意味を見出さない日本人が非常に多くなってきているということです。どんな文化も固定的ではありません。いつも流動しているのは当然のことです。現代的な生活の中、我々が普段日常に行っている生活とあまりにもかけ離れた死者儀礼のパフォーマンスに、全く意味も価値もおかない人たちが増えてきています。ということは、死んだ後に遺体に対して繰り返し繰り返し行われる儀礼そのものに価値を置かなくなった人が増えてきているということです。もう一つは、死んだ後も個として変質しながらも（戒名をつけられたというのが象徴的ですが）、そのように変質させられて個として存在するという、そのような個の存在というものにもはや同意できなくなってきたということ、あるいは同意しない人たちが増えてきたということなのです。

また、これは初期の頃、心臓死の段階で臓器提供をした人たちの発言ですが、自分の死んだ家族の臓器が他人の身体を借りて生きているという捉え方をします。つまり、火葬してしまえば本当の死者になってしまうけれど、臓器移植を受けた人にとっては恐れ多いことながら、「その人の身体を借りて私の息子の腎臓は生きている。私の息子は死んだけれども、あの人が生き続けてくれれば息子も生き続けることができるのです」という言い方です。それは、人間の身体と身体が持っている個人としてのアイデンティティーについて、医療現場の人たちの考え方とは全然違います。そのような異なる観念でもって臓器移植というものに賛同するのです。

さらには、日本人の人間関係というものの変化です。相互扶助ですが、自分が誰かに対して何かをするということ、あるいは何かをしてもらえるという期待は、常にフェイス・トゥ・フェイスの関係で成立します。誰々さんが私に何かしてくれる、私が誰々さんにするという、非常に具体的な顔の見える関係でのみ、日本人はそれを行ってきました。しかし、そうではなく全く知らない誰かに対して何かをするということに非常に強い意味、価値を与えるようになった。そのような変化として捉えることもできると思います。

今後脳死臓器移植というものがどんなふうに展開していくのか。また、展開していくだけではなくて、それに対して、それに関与する人たち、それをみている日本人がどんな説明を与えるかということ、どのように言及するかということを見ていきたいと考えています。そのことを通して私は研究者として、日本人が個というものの存在をどのように捉えてきているかという視点から、これまでと今後はどのように違っていくかということをみていく手掛かりにしたいと考えております。

ところで、個人の始まりについて、現在、特にアメリカの場合には、非常に過激な人たちは胚、受精卵の段階でもう個人として生まれていると考えます。最も過激な場合は、胚そのものが個人であり、人権を持っていると考えます。または胎児の脳波が取れる段階、胎児はこれは何週目かは分かりませんが、七週目ぐらいからとれるという人もいます。その段階で、もう意識を持っているのだから個人であり、個人の人格を持っているといいます。名前もなく、法的な存在としては認められていなくても、それは人格を持っていて個人としての権利を持っているといいます。日本の場合はどうかといいますと、そのように明言はしませんが、中絶を妊娠二十二週目以降は認めません。ということは妊娠二十二週目以降の胎児は一応人格を持っている、個人としての存在が始まったと見なされていると言っていいのかも知れません。

また、排卵誘発剤を使うと多胎児が生まれることがありますが、例えば七つ子とか八つ子とか受胎している場合、減胎手術といいまして、胎児の段階で死なせて一人とか二人にして生まれさせるという手術が行われています。そうすると、生まれないで死なされる胎児に人権はないのかという議論もあります。中絶に戻りますと、日本では人工流産は今でも本人の申請があればほとんど自由におこなわれています。それに対して、アメリカの場合には（アメリカと日本を比べることはそれ程の意味はないのかも知れませんが、文化は比較することによって自分の文化がより明らかになるという手法をとるならばきわめて異なるアメリカの文化と日本の文化を比較することは重要です。）アメリカの場合には、胚は人権を持つといったような議論までされるように、個人の人体の始まりの非常に早い時期において、それを生かさせないようなやり方をとることに大変神経質で、それを人権侵害と捉える認識があります。

アメリカにももちろん脳死論議はありましたけれど、日本のような、日本中を巻き込んだようなそういう脳死論議はありませんでした。大統領が任命した委員会を作りましたけれど、専門家に任せてきちんとした法的手続きを踏めばよいという態度で、ほとんど異義は申し立てられませんでした。日本の場合は、マスコミの取り上げ方を見てみますと、一億総論議をやっているような大騒ぎをやっていたのです。そうした議論の仕方に大きな違いがあることにも注目されますが、何よりも大切なことは個人の存在についての認識に大きな違いがあるということです。日本の場合議論のされ方が、個人の終わりが重くて、始まりが軽い。アメリカの場合は始まりが非常に重くて、終わりが軽い。つまり、個人の始まりと終わりのどちらにより多くの注意を払うかということが、日米では逆の関係になっています。これが文化の違いだと思います。違うからこうだというのではないのですが、文化の違いというものがこういうところにも表現されている、というのが文化人類学では正確な言い方になります。

臓器移植がなければすぐにも生命の危険にさらされるという人や、それを救おうとしている医療の方々が聞くと不謹慎だとおっしゃるかも知れませんが、個人の存在、個人の生と死というもの、あるいは自分の身近な人間が死ぬということと生き残る自分との関係というものを、言語と論理でもって考える文化を形成して来なかった、そうしたものの発達に得意ではなかった日本人にとっては、言語表現と明快な論理を発達させるうえでは、この脳死臓器移植ほどよいきっかけはないのです。ですから医療の問題に閉じこめておくのはあまりにももったいない。非常によいきっかけとなるということを強調し、今日の私の拙い話を終わらせて頂きます。

現代社会と科学技術

村上 陽一郎

YOICHIRO MURAKAMI

一九三六年、東京に生まれる。

昭和三七年　東京大学教養学部教養学科科学史・科学哲学分科卒業後、上智大学理工学部一般科学研究室助教授、東京大学教養学部助教授を経て昭和六一年、同大学教養学部教授となる。その後東京大学先端科学技術研究センター教授、同センター長、同学評議員、国際基督教大学教養学部教授、国際基督教大学　大学院部長を歴任し、現在、国際基督教大学教授、大学院部長、東京大学名誉教授。

ほかに、上智大学、高知医科大学、新潟大学非常勤講師、また、ウィーン工科大学放送大学客員教授、慶応義塾大学、山梨医科大学、お茶の水女子大学などの非常勤講師を歴任、株式会社ＮＴＴデータ、システム科学研究所長を兼任している。

専攻は科学・技術史、科学・技術論で、著書に『科学の現代を問う』（講談社）、『科学・技術と社会』（光村図書出版）、『安全学』（青土社）、『科学者とは何か』（新潮社）、『文明の中の科学』（青土社）、『奇跡を考える』（岩波書店）など多数。

今日、私たちの社会の中で科学技術というものが持っている意味が、従来になく大きくなっております。色々な形で科学技術が社会の中にもつプレゼンスが大きくなってまいりました。

ご存知だと思いますが、一九九五年に「科学技術基本法」（これは珍しい法律で、先例は国際的にはあまりありません）が通りました。そしてこの法律に基づいて、政府は「科学技術基本計画」を一九九六年六月に制定いたしました。これは、日本政府が科学技術というものを施策の中でどういうふうに進めていくのか、また政策の中で科学技術が占める位置は何なのかということを、いわば内外に明言したものです。そして、現在はその基本計画とよばれているものに従って、日本の社会が（少なくとも行政面では）動いているという状況です。これも、科学技術という概念が政策というものの根幹に触れてくる一つの現象として見ますと、現在の状況を物語る一つの非常に良い指標になるのではないかと思います。

しかし、その内容あるいはそれが目指すものに対してどう評価を下すかということは、少し別の問題です。第一に、日本の政府、あるいは日本の議会がそういう認識を持ったということ自体、実は、ある意味では「ケチな根性」であったかもしれないんです。

英語で恐縮ですが、図1をご覧下さい。少し古い統計ですが、現在もあまり変わりはありません。国全体の研究開発費の総額の中で、政府と民間の負担の割合を示したものです。大まかに言って日本の場合は、民間八割、政府二割という各国の中では際立った比率であることが判ります。

アメリカの場合は、日本に比べて政府の比率が多くなっています。軍事費など、計算上面倒なこともありますけれども、大雑把に言ってそうです。ドイツは比較的両者がバランス良くなっていて、フランスは非常に政府資金が多く、イギリスもその意味ではバランスが非常に良い状況です。

文部省が全国のすべての大学、短期大学あるいは工業高等専門学校の先生方、教授、助教授——自然科学、人文科学、社会科学を含めたすべての先生方——の研究のために、文部省が用意するお金に、いわゆる「科学研究費」というものがございます。つい最近まで、

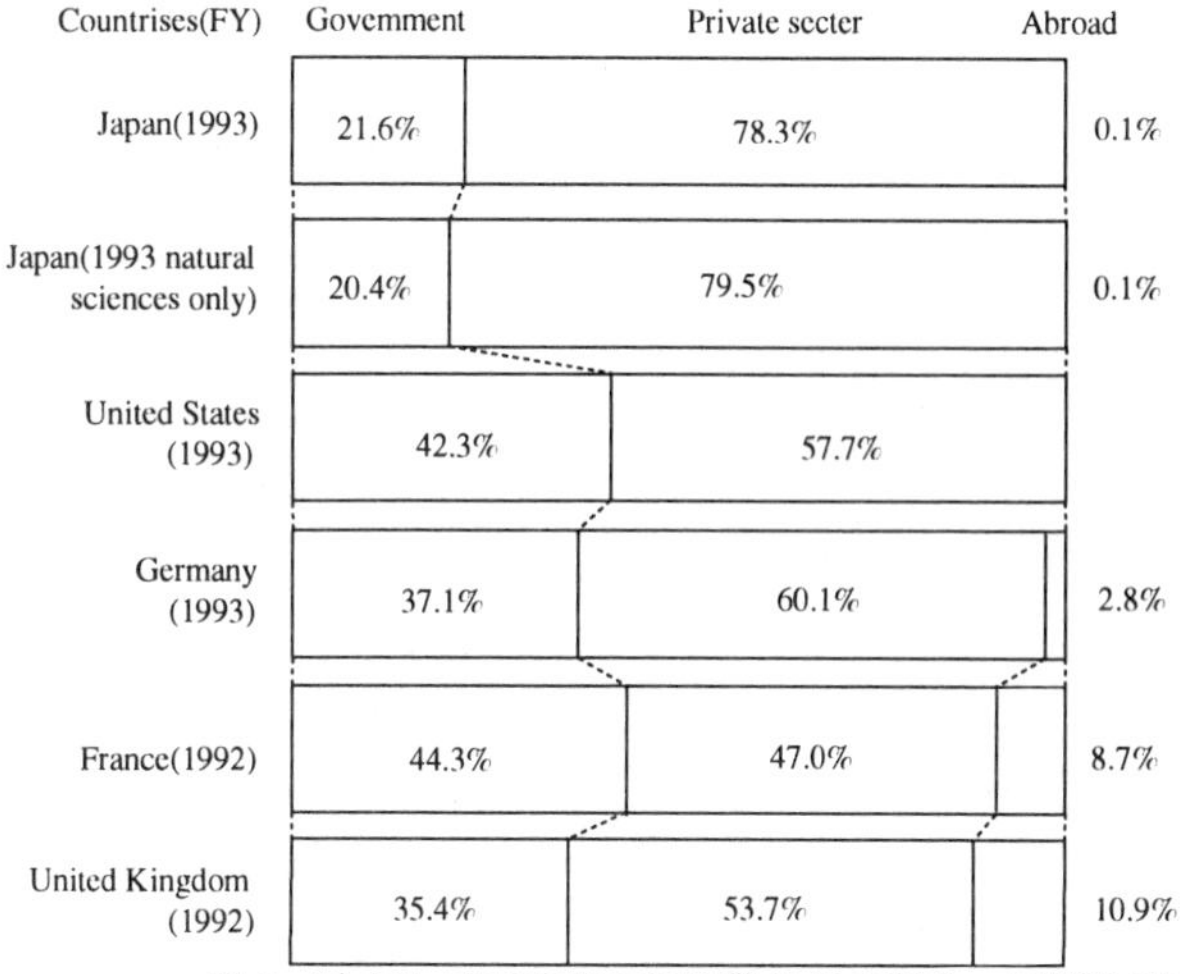

図１．政府と民間の研究開発費負担の割合、国際比較

文部省は「科研費」を何としても五百億円に到達させたいと一生懸命努力をしていました。ご存知の通り、文部省は「給料配達省」などと言われていて、文部省のお金の八割五分は全国の——もちろん小学校その他の先生に対する補助も含めてですが——給料のために費やされ、残りの一割五分が何らかの形で文部省の自主的な仕事のために費やされるというほどに、給料に重きがかかっています。そうした中で何とかしてその「科学研究費」を増やそうというのが、悲願でありました。

それが、ついに五百億を突破して「悲願達成」と言っていましたが、最近では一千億になりました。五年ばかりで倍増したわけで、これは大変な、ある意味では文部省の手柄であるわけです。しかし例えば日立という大企業が、一つの企業としてR&D、すなわち研究開発にまわすお金が年間四千億ですから、いかに民間が研究開発に対して投資額が多く、政府の投資額が少ないかということは、それだけでもお分かりいただけると思います。

実は、こういう状況を日本政府が何とか改善し、バランスを良くしようというのが、「科学技術基本法」を制定するにいたった、最も直接的な、ややケチくさい動機であります。しかしいずれにしても、現在の情勢、あるいは政策の中で科学技術が一つの重要課題になっている状況は、このことからもお分かりいただけるだろうと思います。

知の歴史における「科学」の位置

先ほど科学技術基本法というような法律があるのは珍しいことだと申し上げました。アメリカにはございませんし、イギリスにも直接それに相当するものはございません。しかし国際的にみて、決して日本だけが突っ走っているわけではございません。先ほどもお話ししたように、科学技術というものが「政策面」「行政面」で非常に重きを置かれるようになっていることは、国際的にも認められています。

たまたま私は、OECDの「科学技術政策委員会」という委員会で副議長もやっておりますけれども、そこでは様々な科学研究や開発行政、政府間の相互の交渉とか、その他諸々のことが論じられるわけです。まさに各国の政府から送られてくる行政マンと学者たちが、科学技術の問題を社会の中心として扱うにはどうしたらいいかということを、様々な形で持ち寄って議論しているという状況がございます。

ところで、そんな状況は一体いつ頃から出てきたんでしょうか。

そもそも私たちは「科学技術」と言い、「科学技術庁」という庁もあり、何気なく「科学技術」という言葉を使って平気でおります。ただ言うまでもなく、私たちが今「科学」と呼んでいるものはヨーロッパに発生しましたから、ヨーロッパに生まれた科学が、技術といったいどういう関係にあったかということは、やはり注目しておかなければなりません。というのは、日本では「科学技術」といいますけれども、欧米のコンテクストの中ではそう簡単に「科学」と「技術」は結び付かなかったわけで、今でもそうです。

表1は一九世紀の一八三〇年代から二〇世紀の初頭、一九一四年までのドイツの大学における学部別の学生数の経年変化です。毎年ではなく、だいたい十年おきでの経年変化を示した表ですが、これで見ていただきたいことが二つございます。まず一八三〇年という年です。今から百五十年ほど前のヨーロッパの大学で、学部がどれだけあったかといいますと、最初のコラムが「新教神学部」、次が「カトリック神学部」となっています。

これはドイツではちょっと特殊な事情がありまして、プロテスタント運動の発祥の地でもあり、一九世紀にいわゆる文化闘争（**Kulturkampf**）があって、現在でも教会税という制度でカトリック側とプロテスタント側の教会に、税金という形で政府が取りたててお金を配分するシステムを取っております。もちろんこの時期にはまだドイツという国はなく、ここで言っているのはドイツ語圏という意味です。ですから、ドイツの大学では基本的に神学部は「新教」の神学部とカトリックの神学部が、ほぼ同じぐらいの勢力でなければならないのです。かつて、経済学部があるところでは「マルクス主義経済学」と「近代経済学」で、教授の数がほぼ同じぐらいいないと経済学部として成り立たないというようなことを言われましたが、そういう一つの不文律みたいなものがございまして、神学部が二つに分かれております。

しかしいずれにしても、最初の二つのコラムは神学部です。そして法学部があって医学部、哲学部があって、それだけです。学生が登録されているのは、フンボルト流の大学には哲学部、あと医学校、法学校、神学校があるという構成になっておりますが、実は一八三〇年代から一八七五年までは、学部としてはそれだけしかないわけです。

ところが一八七五年になりますと、ここに突然新しいコラムに学生数が登録されているということがわかります。表では「哲学・歴史学部」と、もう一つは「自然科学・数学部」と訳されております。つまり、この一八七五年、つまり今からちょうど百二十年ほど前に、

表１.1830/31 年から 1914 年までのドイツの大学の学部別学生数
（上段：絶対数，下段：百分比）

年度	大学全体	新教神学部	カトリック神学部	法学部	医学部	哲学部	哲学歴史学部	自然科学数学部
1830/31	15838 100	4267 26,94	1809 11,42	4502 28,43	2355 14,87	2937 18,54	—	—
1840/41	11561 100	2270 19,64	932 8,06	3266 28,25	2062 17,84	3032 26,23	—	—
1850/51	12323 100	1646 13,36	1376 11,17	4388 35,61	1895 15,38	3018 24,49	—	—
1860/61	12188 100	2535 20,80	1263 10,36	2460 20,18	2128 17,46	3802 31,19	—	—
1865/66	13710 100	2346 17,11	1170 8,53	31,68 23,11	2541 18,53	4486 32,72	—	—
1870/71	13206 100	1957 14,82	891 6,75	2886 21,85	2870 21,73	4602 34,85	—	—
1875/76	16490 100	1562 9,47	735 4,46	4490 27,23	3316 20,11	6387 38,73	3565 21,62	1710 10,37
1880/81	21209 100	2350 11,08	650 3,06	5229 24,65	4098 19,32	8882 41,88	4615 21,76	2815 13,27
1885/86	26996 100	4438 16,44	1080 4,00	4840 17,93	7644 28,31	8994 33,52	4218 15,62	2820 10,44
1890/91	28621 100	4332 15,14	1250 4,37	6678 23,33	8552 29,88	7809 27,28	2947 10,30	2298 8,03
1895/96	28557 100	2948 10,32	1497 5,24	7670 26,86	7757 27,16	8685 30,41	2978 10,43	2821 9,88
1900/01	33739 100	2325 6,89	1627 4,82	9726 28,83	7205 21,35	12356 38,10	4769 14,14	4796 14,22
1905/06	41158 100	2141 5,20	1738 4,22	11828 28,74	5865 14,25	19448 47,25	7438 18,07	5444 13,23
1910/11	53364 100	2422 4,54	1791 3,36	10777 20,20	10638 19,93	27736 51,97	12585 23,58	7276 13,63
SS1914	59143 100	4621 7,81	1768 3,00	10119 17,11	17608 29,77	25027 42,32	—	—

出典：リーゼ（1977.340 ページ）

ドイツ語圏の大学では、いわば理学部に相当するものが誕生しているというわけです。自然科学を専門に勉強したり教えたり、あるいは研究したりする組織といいますか、制度が大学の中に生まれてくるのは、今からわずか百二十年ぐらい前のことでしかないのだということであります。

それまでは、学問と言えば「哲学」であったわけです。日本では、戦前からの大学も含めて「学部」と「学科」という考え方をもっております。その中で、伝統的な学部・学科、例えば理学部の物理学科、数学科、生物学科、あるいは化学科、地球科学科。また文学部系統でいえば、哲学科。歴史学科、さらに社会科学で言えば経済学科であったり社会学科があったりします。そういうような各々の「学部」「学科」として知られている学問というのは、実はこの一九世紀という時代に初めて生まれてきたものであって、それまでは「哲学」という言葉によって総称されるような在り方でしかなかったのだということを、もう一つこの表から読み取っていただきたいと思うのです。

そのことは「科学」という概念にも非常に大きな意味を与えます。私は、どちらかというと科学の歴史を勉強した者ですが、その中でも「科学」という概念を最も狭くとっている人間の一人でございます。科学の歴史を勉強している人間で私のように考えない人たちもいますが、私は、今私たちが「科学」とよんでいるようなものは、一九世紀に初めて誕生したのだというふうに理解しております。少なくとも物理学、地質学、あるいは生物学というような学問が成立したのは十九世紀だというふうに考えております。

それ以前に私たちが言うような意味での「科学」は存在しなかったと申し上げますと、ただちに反論が出るでしょう。例えば「ニュートンはどうしてくれるんだ」とおっしゃるだろうと思うんですね。ニュートンが活躍をしたのは十七世紀ですけれども、亡くなったのはもう十八世紀に入っておりました。しかし、私は十九世紀に「科学」が成立したと言うわけですから、そうするとニュートンは科学者として科学をやっていたわけではないと言わなければなりません。そして、私は「まさに、そうだ」と言ってまいりました。つまり、ニュートンは科学をやっていた人ではないし、科学者でもない、ということです。

この点に関しては、拙著『科学者とは何か』(新潮社)で、少し詳しく議論をいたしましたので、ここであまりなぞりませんが、事の成り行き上一言だけ申し上げておきたいわけです。それは **scientist** という英語の成り立ちです。**scientist** は、言うまでもなく科学者という言葉ですけれども、この言葉が初めて英語の中に登場したのが一八四〇年のことです。今から百五十年あまり前のことで、それまでは英語のボキャブラリーの中に存在しませんでした。ということは、つまりニュートンも――彼はイギリス人でしたけれども――生涯一度も人から、**scientist** と呼ばれたことはないのです。

scientist と man of science

　こういう言葉が一八四〇年ごろに出来たということが何を意味しているかというと、非常にはっきりしていると思うんですね。そういう存在が社会の中で目立ちはじめたために、そういう言葉が必要になったから、この言葉が創られたわけです。つまり、一八四〇年ごろになってヨーロッパの社会――この場合であればイギリスの社会の中に――「科学をやる人」という存在が少しずつ目立ちはじめて、その人たちを何と呼ぶべきか、名前を付けなければいけなかったので、この言葉が創られたということです。言い換えますと「科学者」という職種といってもいいですし、人種といってもいいかもしれませんが、それが誕生したのは、ちょうどこの頃だということの一つの証拠にはなると思います。

　ところで、今私たちの社会の中では、先ほども申しましたように、科学というもののプレゼンスが非常に大きくなっていますので、科学者であると言われることに必ずしもマイナスのイメージはありません。いや、むしろプラスのイメージだと思うんです。しかし十九世紀にこの「科学者」という言葉が出来て、科学者という人たちに使われはじめた頃の「科学者」たちは、決して社会の中で――特に知識人の中では――受け入れられた存在ではありませんでした。それは当然でしょう、ある意味では新参者で全く新しく出てきた人たちだったからです。

この点で有名な話があります。トマス・ハックスリーという人は、十九世紀イギリスの知識人の代表的な一人で、ダーウィンとたいへん仲が良くて、ダーウィンの進化論を――ダーウィンという人は少し精神的に問題があって、なかなか人前に出ることのない人だったものですから――、彼に代わって一般の人々に伝える役割を果たしました。今から思うと、彼は生物学者といってよい存在であります。

そして彼は今世紀の有名な文学者であるオルダス・ハックスリーや、その他今のハックスリー一族の十九世紀における総師でもあるのです。その人が、scientistという言葉を聞いた瞬間、「なんだ、その言葉は。ひどい言葉だ。これを造ったのは無学文盲のアメリカ人に違いない」と言ったそうです。an analphabetic Americanだ、ということなんです。Alphabetという言葉はもともとギリシャ語からきているので、ギリシャ語の否定の接頭語のaを付けるんですが、その次の言葉がaですからnを入れてanalphabeticで、「アルファベットを知らない」という意味ですね。日本語でいえば、「目に一丁字無い」という感じの表現だと思うんですが。その「目に一丁字無いアメリカ人」がこんなひどい言葉を創ったんだ、とハックスリーが毒づいたというわけです。

一八七〇年代ですから、もう今から百二十年前ですが、ハックスリーが講演会に呼ばれ、司会の人がハックスリーを紹介しました。もうscientistという言葉が社会の中でだんだん広がって、色々なところで少しづつ使われるようになっていた頃ですから、「Now we have an eminent scientist Dr. Thomas Huxley!」と言って呼び上げたんですね。そうしたらハックスリーが憮然とした顔をして壇へ上がって「いま司会者は私のことをeminent scientist（著名なる科学者）と呼んだ。eminentはいいけれどもscientistだけは御免をこうむる。私は断じてscientistではない」と言ったのだそうです。司会者は困ってしまって「じゃあ先生、なんとお呼びすればいいんですか」と言ったら、「scienceという言葉を使うのならば、"a man of science" というふうに言えば、私はいただきましょう」と言ったという話なんですね。

この時、何をハックスリーが感じていたか、あるいはハックスリーに代表される十九世紀半ば頃のイギリス知識人たちが何を感じていたかを、このエピソードから想像することができるわけです。細かい話は省略いたしますが、要するにこの言葉の成り立ちが非常にイギリス語としては破格である、ということです。なぜ破格かというと、もともとはスキエンティア（scientia）というラテン語がイギリス語のサイエンス（science）、あるいはフランス語のシアンス（science）という言葉の原型です。サイエンスという言葉やシアンスという言葉は、十五世紀あたりからイギリス語やフランス語の中で使われていたようですが、この元々のスキエンティア、ないしサイエンスやシアンスという言葉は「知る」という動詞から抽象名詞化されたものですから、ラテン語で「知識」なんです。あらゆる知識を意味しているんです。ほとんどギリシャ語のソフォス（sophos）、フィロソフォス（philosophos）と同じ意味だ、と言ってもいいくらいのものであります。

その「知識」というのは、非常に大きな概念でありますから、その概念に対して人をあらわす接尾語を付けるとすると、それは断じて英語の習慣からすれば〈—ist〉ではない。だってそうでしょう。例えば musician と flutist でしょう、physician と dentist でしょう。だから、〈—ist〉という人をあらわす語尾の前につく概念は、きわめて狭いある特定の特殊な何かであって、もちろん例外はいくらも探し出すことはできますけれども、基本的な原理はそうですね。music は非常に大きくて包括的で広い概念なので、musicist とは言えない。それに対してピアノを弾く人は pianist、三味線を弾く人は shamisenist というんでしょうか…。physician というのはお医者ですね。元々フィシス（physis）というのはギリシャ語の「自然」ですから。その自然という非常に大きなものに対しては〈—ian〉を付けざるを得ない。physicist というのは物理学者ですけれども、この言葉は scientist と同じ頃に同じ人が創っています。その場合の physics というのは言うまでもなく、もはやギリシャ語の「自然」ではなく「物理学」という狭いある特定の領域をさしているわけです。だから physicist という言葉が成り立ち得るわけですね。

ですから、もしも「知識」ということ全部をあらわしている概念であれば、scientian と言わなければいけない。ところがこれを創ったウィリアム・ヒューエルという人は、彼もまたイギリスの知識人の一人だったのですが、そんなことは百も承知でした。百も承知のヒューエルが敢えて〈—ist〉を付けたのは、明らかにこのサイエンスという言葉を、彼が「知識」という非常に大きな包括的な概念としてとっていなかった、ということです。知識の中のある特定の特別なあるところだけを指してサイエンスと呼び、それをやっている人だから〈—ist〉と付けて良い、あるいは付けなければならないと感じたのがヒューエルなんです。

しかし、まだハックスリーのような人はそういうことに敏感ではなかったために、サイエンスという言葉をそういう風に受け止めていた、ということがこの十九世紀の一種の笑い話の中に含まれているレッスンであり、私たちが学ぶべきものだと思います。つまり、十九世紀という世紀はまだ英語のサイエンスという言葉は今の「科学・科学者」と呼ばれるような意味の「科学」を指していなかった、あるいはようやく指し得るような使用法が生まれてきていたということです。

だから敢えて私は時々こういうことを言うんですね——例えばシェークスピアの作品の中にscienceという言葉が出てきたときに、これを「科学」と訳したら明確に誤訳であると私は思っています。だって、そういう概念ではなかったんですから。広い包括的な「知識」は伝統的に哲学であり、その哲学という大きなphilosophy、「知識を愛する」という行為のしからめるところであった、その「知識」。それは確かに、ある側面を見れば物理学的であったり、経済学的であったり、考古学的であったり、聖書学的であったりします。だけど、それらは実は決して個々のものではなく、全体として「知」を愛するものであると。

だから、ニュートンだってそうなんですね。ニュートンは物理学的なこともやっていましたが、ある種のプロテスタントで、例えば「三位一体」という概念を徹底的に嫌うわけです。いかに「三位一体」という概念がキリスト教の神学の中で誤った概念であるかということを立証しようとして様々なものを書き残しています。そうかと思うと彼は造幣局におりましたので、今でいえば経済学のようなことも勉強したり研究したりもしております。それから、これは経済学者のケインズがコレクションを持っていたので有名になりましたけれども、ニュートンは錬金術にも没頭していたわけですし。そのように、彼は今でいえば何をやっているんだか分かりません。物理をやっているのかと思うと聖書学をやっていて、かと思うと考古学をやっていて、経済学をやっていると。そういうように見えるんですが、ニュートンにとってそれは全然バラバラのことではなくて、一つの哲学的な営みであるわけです。ですから私はニュートンは科学者ではないと明言できるつもりでおります。科学者というのは、多かれ少なかれ、ある狭い領域——物理学なら物理学という専門領域、生物学なら生物学という専門領域――だけをやる人で、だから〈―ist〉なんですね。まさにbiologistであったりpsychologistであったりsociologistであったりするわけですね。学科に相当するものは全て〈―ist〉である。そして、その〈―ist〉たちはいつ生まれたかというと、まさにこの十九世紀という世紀に誕生したんです。

ちなみに言えば、「科学」という日本語はまさしくそのことを物語っているんです。これは明治の初期、一八七〇年から七三年に日本で創られましたが（いま漢語圏には同じ意味で広がっていますが、それは日本から広がっていったのであって漢語ではありません）、まさに「科に岐かれた学問」という意味で使われた言葉であります。なぜなら、十九世紀のヨーロッパの学問が「分化し、科に岐かれていく」傾向の最も強い時期に、日本人はヨーロッパの学問に本格的に接して「そうか、あれらは科学である」というふうに名付けたからであります。その意味では「科学」という言葉も、いまの私たちの使う意味はなかったんですけれども、少なくとも今申し上げたような事情で、「科学」あるいは「理学」がここに誕生したことになります。

キリスト神学における新たな「知」の展開

そうすると当然のことながら、では「哲学」から「科学」へというこの変化はいったいい何だったのかと。そこに入ってくるのが、まさしく十八世紀という時代であるということになります。しかもヨーロッパの学問というのは、「哲学」といったときにギリシャの哲学を受け継いでいるだけではなくて、もう一つ非常に大事なファクターを引きずっていたわけです。それは何かというと言うまでもないことですが「キリスト教」であります。

十二世紀にヨーロッパが本当の意味で、ギリシャ、ローマ、それからイスラム世界の学問を手にする前は、アリストテレスに関しては、『分析論前書』だけがかろうじて伝わっていました。プラトンにしても、『ティマイオス』の一部と『メノン』の一部だけが伝わっていました。その他のものに関しては一切――アリストテレスについては『フィジカ』も『メタフィジカ』も『デ・カエロ』も知りませんでした。あるいは、エイクレイデスの『ストイケイア』（幾何学原論）も知りませんでした。あるいはプトレマイオスの『アルマゲスト』も知りませんでした。つまり、十一世紀までのヨーロッパでは古典時代の学問というものの神髄はほとんどゼロだったんですね。

一方、イスラムの人たちは八世紀、九世紀とギリシャ・ローマの学問を吸収したわけです。アラビア語に全部翻訳し、イブン・スィーナーのような大学者を生み出し、その他にもギリシャやローマになかった、アルジェブラつまり代数学のような学問も、イスラム世界では自分たちの中に生み出していました。文化的、学問的にいえば、はるかに高度なものを掴んでいたイスラムと接触したヨーロッパ人たちが、初めて本格的にそのイスラムの学問を自分たちの手に取り込もうとして努力をし始めたのが十二世紀だったんですね。その時に、彼らは自分たちの持っているキリスト教信仰とそういう学問とをどこかでうまく結び付けなければなりませんでした。それをやらなければ、その学問を取り込むわけにはいきません。それで最終的に生まれたのがスコラ学です。

スコラ学は主としてアリストテレス主義を取り入れました。最も代表的な例はトマス・アクィナスですけれども、そういう形で初めて成立したのがヨーロッパの学問というのは、結局キリスト教とギリシャ・ローマ・イスラムの学問との融合体でした。ギリシャ・ローマの中のプラトン的なものをやや排除していく過程を取るわけですけれども、いずれにせよスコラ学がありスコラ哲学があり、それがヨーロッパの学問の神髄を構成していくことになったわけです。それ以降ずっと十七世紀までは、「哲学」といえばキリスト教の枠組みの中で存在している哲学であったわけです。

それはニュートンであろうがガリレオであろうが、フランシス・ベーコンであろうが、近代の、通常の意味では十七世紀の近代思想家と呼ばれている人たちであっても、あるいは教会とぶつかったといわれているあのガリレオであっても変りません。ガリレオはたしかに最晩年にカトリック教会とぶつかりましたけれども、ウルバヌス八世という教皇が、まだ教皇になる前にガリレオのことを「アルプスの南側の空に輝く最も美しい星である」と称えた歌をガリレオに献呈しているぐらい、教皇庁と熱い関係を持っていました。そして彼自身、カトリック教会を代表する——もうガリレオのときはプロテスタントもあったわけですけれども——最大の学者と自負していたわけです。彼自身、キリスト教信仰を自ら疑ったことは一度もないとは、我々は内面に立ち入れませんから分かりませんけれども、少なくとも外に出てくる証拠としては一度も疑ったことがない人のはずであります。

それはデカルトだって同じですね。デカルトは逆に、自分ではアルプスの北側に輝く最大の星だと自負していました。で、ガリレオに対してものすごい敵愾心を燃やしていました。「あいつの言うことは、俺の言ったことと同じところだけが正しいのでそれ以外のところは全部間違っている」とデカルトはガリレオを評しているんですね。ガリレオの方はだいぶ先輩ですからデカルトのことなどたいして気にしないんですが、デカルトの方は非常に気にしている。なぜ気にしているかというと、デカルトはやはりカトリックの世界で自分が一番優れた学者だと自負しているからですね。

ニュートンだって同じなんです。ニュートンはイギリスのある種のプロテスタントの——それを何と名付けていいのかというのはちょっと難しいんですけれども——ある種の流れを組む熱烈なキリスト教信者であるということに変わりはありません。だから、「引力はなぜ働くのか」と聞かれると、ためらわずにこう答えます。我々の空間、ニュートンの言う絶対空間というのは神の身体なんです、この宇宙空間を神の肉体だと言うんです。例えば、私が自分でマイクとチョークを握っていると、私の身体を通じて、マイクとチョークがどのくらいの重さでどのくらい離れているかということが分かります。そして私の身体、手を通じてこれらを引き寄せることもできます。それと同じように、神の身体である空間の中に二つの物体が存在していたら、神はその自分の身体である空間を通じて、どれだけの距離それらが離れているかが判り、その距離の二乗に反比例する力でそれらを引き寄せることができる、だから引力が働いているのを見ること、まさに今これが落ちるのを見ることは、神がここに働いていると。今、文字どおり現前して、目の前に神様の力が存在していることを見ていることに等しいんだと確信しているわけです。

今の物理学者がそんなことを言ったら、とても物理学者としては扱ってもらえません。だから、ニュートンは物理学者ではない。今の我々の感覚、概念でいう物理学者ではない、科学者ではない。当然、彼は自分のことをphilosopherと呼んでいたし、人からもphilosopherと呼ばれていたんです。これは言葉の問題ですけどね。

つまり十八世紀までは、どんな知識体系があろうと、それは必ずどこかでキリスト教的な信仰と繋がる学問であった。だからこそ、大学といえば神学部がなければ大学ではないんです。本当に。今アメリカの州立大学に神学部のない大学が生まれましたけれども、伝統的な大学で神学部を置かない大学というのはないはずです。それが本来の伝統の姿であるんです。

「聖俗革命」―理性の時代と、学問としての科学

では、ある意味では、キリスト教の立場からすれば歓迎すべき状況がどこで壊れたかというと、まさに十八世紀に壊れたんです。それを私は、私が書いた書物の中で「聖俗革命」という言葉で呼びましたけれども…。これはどういうことかと言えば、要するに何かを言うときに「神」を引き合いに出さないかぎり話は終らない、そういう立場を「聖」と呼ぶことにしておきます。一方、「俗」というのは、もはや「神」を引き合いに出さずに話を始められるし、終えることができるという意味です。少なくてもここではそう規定しておくといたします。

すると、その「聖」の立場から「俗」の立場への変換というものが十八世紀の啓蒙主義で起こったことだというわけです。というのは、「蒙」は暗さであります。ヨーロッパ語では「啓蒙」という言葉は、英語でもフランス語でもドイツ語でも「光」と関係しています。**Enlightenment** という英語は「光の中に置くこと」です。ドイツ語ですと、アウフク

レールング（Aufklaerung）という言葉を使いますが、クレールングは英語のクリアーと同義語で「明るくすること、クリアーにすること、透明にすること」であります。要するに、「蒙」というのは、実はキリスト教なんですね。「蒙」を「啓く」、つまり迷妄から人間を解き放つ、直接的に言えばキリスト教から人間を解放することであると。

例えば、啓蒙主義の権化のように言われるディドロという人がいます。彼は『百科全書』というあの膨大な百科事典を、一部数学の部分をダランベールの力を借りていますが、ほとんど独力で編纂した人です。ルソーとかダランベールとか、当時の啓蒙主義者たちを総動員してあの百科全書を編んだわけですね。そのディドロは若い頃熱心なカトリックの信仰を持っていて、修道院に入って司祭になるための勉強をしていました。自分は罪深い人間だからといって、毎週金曜日に告悔といっしょに地下の鞭打ち室へ行き自分の身体に鞭を当てて血を流すまで鞭を打ったりしていたそうです。また冬でもウールの着物を着るのはもったいない、自分はそんな身分に値しないというので木綿のシャツしか着なかったとか、そういう話がたくさん伝わっているんです。

その彼がある時突然修道院を抜けます。そして、しばらく空白期間があってパリに姿を現した時には、完全にキリスト教とは縁を切っていただけではなく、後半生のディドロが若い頃の自分の信仰生活、その篤実な信仰生活を振り返って何と言ったかというと、「あのときは、キリスト教という間違った宗教にたぶらかされていた」とさえ言わないんです。「あれは、実は性の目覚めであった」と一言言っただけです。つまり、思春期に性的な目覚めがあって、しかしそれが本当に何であるかということがまだ自分にもはっきり掴めていない。その何かモヤモヤしているものが、そういう形で単にあらわれていたにすぎない。だから「あれは一つの生理現象だった」と説明しているわけです。この姿勢というのは、まことに見事に啓蒙主義的な時代の精神をあらわしていると思うんです。

「一種の生理現象のある歪んだあらわれが自分の信仰生活」だという精神が十八世紀の啓蒙主義だとすると、これはある意味ではヨーロッパは大変な実験をしたということになります。ご存知のように、フランス革命はアンシャン・レジームを破壊します。アンシャン・レジームというのは王政や貴族制だけを言うのではありません。いうまでもなく教会制度もアンシャン・レジームの中に入っているわけです。だからこそ、革命政府は司祭をたくさんギロチンにかけて殺します。皆さんがパリへいらっしゃれば、ノートルダムの大聖堂へたぶん行かれると思うんですが、その祭壇では、十字架もマリア像も捨てられて、宗教がいかに腐敗しているかということを示す軽演劇が行われています。

日曜日は、といっても革命暦では、七日目に休むのはキリスト教の習慣であり、やはり解放しなければいけないというので、十日目に日曜日がめぐってくるようなカレンダーを組みました。そこで日曜日がくると、どうしても民衆はミサに行きたい、聖体拝礼をしたいと思います。そのために「理性祭」というのを革命政府が民衆に与えました。毎週、日曜日の朝に白い着物を着せた少女を輿にかついで郊外の小高い丘へ連れていきます。その下で市民を集めて革命政府のお偉方が「いかに理性がすばらしいか、宗教が迷妄であるか」という演説をします。これが説教にあたるわけでしょうね。そして民衆はその小高い丘にあがって少女の白い裾に触れて「理性万歳！」と叫んで降りてゆく。これが聖体拝礼にあたるんでしょう。

これで民衆が満足したかどうかは分かりませんけれども、とにかくミサの代替物をそういう形で政府は提供しているわけですね。後に、こういう革命政府がやったことはナポレオンによって全部差し戻されてしまうわけですけれども、それだけの壮大な実験をやったということは、逆に言えば、いかに社会の隅々まで、学問から何からすべての隅々にキリスト教が染み込んでいたかということです。そこから人間を解放しようとするのが「啓蒙主義」者たちのいわば目標だったということが言えるわけです。

だから、私はよくこう思うんです。もしも十八世紀の啓蒙主義者たちが今の日本にいたとしたら、「我々の理想郷ではないか」と思うのではないかと。なぜなら、日本で最初に大学と名の付いた東京大学には神学部がございません。こんな大学は一八七七年創設の当時、世界を探してもどこにもないわけですね。これだけのことを啓蒙主義者たちはやりながら、大学から神学部を追い出すことは遂にできなかったわけですが、東京大学は最初から神学部を持たない大学として発足するわけです。この年、日本には大学は一つしかなかったんです。もちろん、慶応義塾も大隈の学校もありましたが、それらは二十世紀になるまで大学と呼ぶことを許されていませんでした。したがって大学は国立大学しかない。その国立大学では当然のことながら神学部はないですね。

不思議なことに、ヨーロッパの習慣を取り入れた明治以降、私たちは日曜日に休んでいますけれど、これがキリスト教と関係があるなんて普通の人は誰も思っていないですね。その意味でこの十八世紀の啓蒙主義者たちが理想郷としたようなことが今の日本で実現しているといったら皮肉になるでしょうか。それはともかく、そういう十八世紀を経て、キリスト教の土台の上に建てられた学問は、いったんバラバラに解体されるわけです。

例えば、先ほどのディドロが『百科全書』を編纂するにあたって何と言っているかというと、「この百科全書では項目がアルファベット順に並んでいる」ということを強調しているんです。我々の世界では、当たり前ではないか、あいうえお順もしくはアルファベット順に並べないということは有り得ないと思うんですが、しかし考えてみて下さい。これは多少ジョークも入っていますが、英語でGODをひっくり返してDOGと書くと、「犬」

になります。で、アルファベット順に並べてどちらが先にくるかというと明らかにDOGの方が先です。これがアルファベット順に並べるということの意味なんです。もはや神学的な体系から学問が構成されるのではない、学問というのは、まずはとにかく一種の、知識の断片の山である、それが百科全書であると。そして、その中では「犬」を創ったはずの「神様」の方が「犬」よりも後にくるわけです。

実はおもしろいことに、その百科全書の序論の最後のところに「学問の分類」として、「神学」というのが一応は存続を許してもらっていて書かれているわけです。認めてもらっているわけですね。けれども、それは人間の悟性の中の「人間の学」と並んで、「神様の学」というのが許されているというわけです。人間が悟性によって捉える知識があり、その下は理性によって捉える知識であり、その下に「人間の学」と並んで「神様の学」を許したのです。つまり「神学」は、人間理性によって営まれる人間の中の一部。これもまた主客が逆転していることに気が付かれると思うんです。かつては「神」があってはじめて「人間」が有り得ましたが、そうじゃないんだと。「人間」があって、はじめて「神様」の話も有り得るという逆転が、まさしくこの時期に起こったわけです。

しかも、もはや神学というのは、キリスト教信仰が知識を束ねる役割を果たすことができなくなりましたので、束ねられていた学問はさっきもいったようにフラグメントに、バラバラの知識の集積に一旦解体され、十九世紀になると少しずつ再編成されていきます。しかし、もはやキリスト教神学によって、あるいはキリスト教信仰によって束ね直されるのではなくて、各々の専門、領域、学問の姿によって一つずつ自立し、独立し孤立した「学」になって誕生していきます。それが十九世紀に起こったことです。ですから、神学もキリスト教信仰もなくなったわけではもちろんありませんが、少なくとも学問の世界の中ではキリスト教信仰とは一切無関係で、直接そこには何の繋がりもないような学問というものの存在がいくらでも許されるようになりました。「科学」と我々がいま呼んでいるものの大半はそうですね。先ほども申しましたように、ニュートンのようなことを言っていては「物理学者」とはとても認めてもらえないわけです。

「科学技術」の時代へ

最後に「技術」の話をします。先ほどの表では技術や工学は一切登場いたしません。なるほど理学部に相当する学科は一八七五年のドイツ語圏で誕生いたしましたけれども、工学部は全く姿も形もございません。

「技術」というのは、ヨーロッパでは元々、本来は職人層、親方・徒弟制度であり、その制度が未だに続いている職種もございます。ご存知のようにマイスター制度といって、例えば楽器作りのように、ギルドの中にいて親方の許で徒弟としての修行を積まなければならないという職種が今でもございます。ギルドから離れた人たちは誰だったかというと、それはしばしばフランス語でentrepreneurs（アントレプレヌール）という言葉で呼ばれます。entrepreneursというのはちょっと訳し難い言葉で、日本語では「起業家」と訳されていることが多いようですが、確かにそう申し上げてもいいんだろうと思います。例えばエディソン、フォード、あるいはデュポンあるいは日本でいえば本田宗一郎、あるいはイーストマン、ベンツ、シーメンスあるいはカーネギーといった人たちです。そういった事業を起こした彼らは確かに技術者であります。しかし、ここで言う「科学」はおろか、学問と関係のあった人は、今挙げた人の中には一人もいないし、大学なんかと関わった人もおりません。まさに本田宗一郎がそうであったように、丁稚小僧から叩き上げた人たちであります。彼らはギルドの中で、親方徒弟制度の中で修行もせず――エジソンは「一％のinspirationと九九％のperspiration」と言ったんですが――自分の努力と才覚と運と、そしてもちろん独自の「技術」「発明術」、それを駆使して大企業を作り上げていった人たちです。彼らは「科学」の「か」の字も知りません。エディソンにいたっては、「大学？あんなところに行ったら人間が腐るだけだ」と言い続けたそうですね。学問とは一切関わりのない人たちです。だから、この段階では「工学」と呼ぶべきものは、基本的には存在していないんです。

一つ付け加えないといけないんですが、ヨーロッパでは工学のための専門学校が十九世紀に出来始めます。polytechnicumというラテン語が最もポピュラーに使われて、ドイツ語圏ではそれがやがてTH（Technische Hochschule）になり、アメリカではA&Mになった。AはAgriculturalでMはMechanicalですけれども、マサチューセッツ工科大学（MIT）はこの一つです。十九世紀には、そういう農業とか工業とかいったようなものに携わる人たちを訓練する工学校や農学校ができました。「Boys be ambitious!」と言ったという、札幌に農学校を建てたクラークさんは、まさにこのAの出身なんで札幌にAを建てたわけです。アメリカにはそういう学校がありました。ドイツ圏ないしスイスやその他諸々では、高等工業学校でテクノロジーを扱うところが生まれますけれども、これらの学校で育った人たちが社会の中で本格的に活躍し始めるのは、二十世紀に入ってからです。

これらは大学とは一切関わりを基本的には持ちません。今は、これらの機関もかなりの部分が、たとえばドイツ語圏ではTU（テヒニッシェ ウニヴェルジテート）になりました。A&Mの相当部分がいわゆるStates University（州立大学）になります。だから、アメリカの大学で州立大学と、いわゆるアイヴィ・リーグのような大学たちとはまるで違います。アイヴィ・リーグは、元々修道会あるいはミッショナリーが建てたヨーロッパの大学と同じですから、神学部を必ず持っていて、そして当然のことながら大学にチャペルがあり、伝統的なキリスト教の精神を少なくとも一部受け継いでいます。ところが州立大学は、単なる大衆の、州民のためのある種の高等教育機関という形で、A&Mがやがて、MITを除いて、州立大学という形に二〇世紀になると格上げされていったという過程がございます。今は違いますが、十九世紀にはまだ一切「工学」ないしは「工業」は大学の中には姿をあらわしません。知識の殿堂としての大学が、そういう技術に手を染めることは有り得ないんです。

ここでもまた東京大学はとんでもないことをやったわけですね、明治一九年に帝国大学になった時に。当初ヨーロッパの真似をして明治政府は東京大学という大学と、工部大学校というpolytechnicumとを創ったわけです。ところが、明治一九年に工部大学校をあっさり東京大学工学部に編入したわけです。従って、東京大学は一八八六年という時期には、世界で最初の工学部を持ち神学部を持たない大学になるわけです。京都大学は、一八九七年発足時から工学部を持っていました。そして今や「科学」と「技術」は非常に結びついて、まさに日本でいうような「科学技術」の姿を持っているといえます。今の社会の中で、「科学」と「技術」を引き離すことはかなり困難です。ヨーロッパ人やアメリカ人も、そのことは認めるんですね。「科学」と「技術」は今世紀に入って加速度的に接近をし融合をし、従って大学の中で工学部を設けなければいけないことにもなる。つまり、その点では彼らは日本の後を追いかけているんですよ。それは非常にはっきりしている。キャッチアップ、キャッチアップと言うけれども、彼らが日本のキャッチアップをしようとしてきたわけです。

例えば英語ですとScience & Technologyといいますが、どうしても〝&〟という接続詞で二つのものを繋いでいるという印象をぬぐえないでいます。ところが日本へくると「科学技術」。日本語がちょっと分ってくると「いいね、君たちの言葉は。これで一つの概念をあらわせるんだからいいね」と言います。それで彼らは、最近になると時々〝ST〟という表現をするようになりました。〝ST〟というのは、まさに日本語の「科学技術」に相当するわけです。"Science / Technology"で文字通り「科学技術」なんていっています。

つまり、現状はどちらかといえば、「科学」と「技術」の区別がつかなくなっています。しかも、「科学」には今日、色々な意味で社会的要求があります。これには「良い」も「悪い」もあるわけで、例えば核兵器の開発もしなければならない、ある教団ではサリンも開発しなければいけないとか、そういうミッションを与えられた科学技術者たちはそれをやるわけでしょう。「良い」も「悪い」もあるわけですね。

このように、ある社会のセクターが「こういう要求」だと言い、その要求をいわば実現するために働く人たち、かつて科学者は、それが結果として真理の追究につながるとしても、とにかく自分が面白いと思っていることをひたすらやるのが「科学の姿」だと言っていました。「工学」、「技術」は何か課題があって、それを解決するために開発が行われます。

しかし本来の「科学」は違います。さらに昔は神様の世界を知ろうと思って人々は知識を追究したわけですね。十八世紀までのヨーロッパ社会は文字通り、なんであんなに一所懸命知識を追究したかというと、「神様のことをもっと知りたい」「神様の計画がもっと知りたい」ということでした。時計を調べていけば、時計を創った人の目的と意図が分かるのと同じように、この被造物の世界を調べていけば、被造物の世界を創った神の目的と意図が読み取れるはずだと確信していたからこそ、ニュートンもガリレオもデカルトも、あるいはトマスもスワレスも皆知識を追究しようとしたわけです。それと、その世俗版、先ほどの「聖から俗」へです。そうしたら、今度は「個人の面白さ」。「個人が面白いと思ったら真理を追究しましょう。それが科学の世界です」と。ところが今はそうではない。

社会が色々なミッションを与える。そのミッションを解決するために「研究・開発」をしなければならない。〝R&D〟なんですね。そういう言葉に象徴されるような状況になっています。その意味では、私はまさに日本社会というのは、欧米の人がそう感じるかどうかはともかくとして、いわばフロント・ランナーだったと思うんです、明治以降ずっと…。で、私たちは、まさしくそういう世俗的な社会の中で、かなり大きな力を持った科学技術というものを自分たちの中に抱え込んで、そして世俗的な目的を達成するために、それをさまざまな形で使おうとしているわけです。

そして今、日本の社会は、まさにそれを国是とし始めたんですね。「科学技術基本法」と「基本計画」というのが。では、そういう中で私たちが一体何を目指して「科学技術」を我々の社会の中に組み込んでいくという目標を立てればいいのか。現実に、少なくとも日本の社会では、そういう理念はないままに一つ一つの世俗的な開発を具体的に実行しようというところで動いています。もちろん、どこかで一つ何か理念をぶらさげてみても始まらないかもしれませんけれども。

ともかく、我々一人一人が日本の社会の中で行動するときに、そういう社会の中で行動しているんだ。現実はそういう状況の中にあるのだということを念頭に置きながら行動しなければならないというのが、我々に対して課せられた課題です。非常にやっかいだけれども、ある意味では「やりがいのある」時代に生きているように思います。

あとがき

「関西学院大学キリスト教と文化研究センター」(Research Center for Christianity and Culture, ＲＣＣと略記）が設立されて今年で四年目に入りました。当センターの設立に際して、様々な議論がなされました。その中で、関西学院大学が大切に守ってきたキリスト教主義の教育と研究の成果を学内に留めておくのではなく、多くの問題を抱えて苦しみ、混乱している社会的現実の中に役立てるために、情報の発信基地としての役割をも担うべきではないかという考えが出てまいりました。

センター設立後は、研究員による会議がたびたび開かれ、そのための有効な方法や内容についての意見交換が真剣に行われました。その中で、二十世紀を終わろうとするこの時期に何が最大の問題であり、その問題に対してどのように切り結んでいくことが社会への有効な提言をなすことになるのかということが共通の関心となっていったのです。二十世紀を振り返り二十一世紀に向かって提言をするためには、過去の成果と問題点を明らかにし、キリスト教的な視点からその問題にどのように関わっていくかをも問うべきであるということが共通の認識になっていったように思われます。

そのために、年度ごとにあるいは問題によっては複数年度にまたがって同一テーマを追っていこうということを確認しあいました。二十世紀は科学の世紀といわれますし、事実私達は驚くほどの科学技術の進歩によって、過去の世界とは比較できないほどの様々な恩恵をこうむっています。しかし、最近になって科学の世紀といわれた二十世紀は、同時に学問の分化が著しく進んだために、「それが人間にとって何なのか」という基本的な問いを何処かに置き忘れてきたことに気付き始めたのです。そのためRCCでは、現代の最大の問題である「生命」の問題を、科学的な視点とキリスト教の倫理的な視点から同時に問うてみる試みを始めたのでした。

そこで、RCCとしてまず計画した事はフォーラムの開催によって出来るだけ多くの学内外の人々に情報の提供をしようということでした。幸いにも、研究員のそれぞれの人脈を頼って、その都度すぐれた講師を迎える事が出来ました。フォーラムは、盛会のうちに継続され、結局「生命科学と倫理」の問題について、三年という期間を費やす事になったのです。勿論、これですべてが語り尽くされたわけではありませんが、おおかたの問題についてすぐれた提言をいただきましたので、この際、これを一つにまとめて一冊の本にしようということになりました。

誕生間もないＲＣＣからこのような形で情報の発信が可能になった事を喜びたいと思います。そのために、ご協力いただきました講演者の方々、支えて下さった多くの皆様方に感謝いたします。特に出版に際して、お骨折りいただきました関西学院大学出版会の皆様に心からお礼を申し上げます。願わくは、この一冊の小さな書物が、私達の大切な生命についての考察を深めていくために皆様のお役に立てばと願っています。

関西学院大学キリスト教と文化研究センター・センター長
関西学院大学神学部教授
木ノ脇　悦郎

本書は関西学院大学キリスト教と文化研究センター（ＲＣＣ）フォーラム（一九九七年十月～一九九九年六月）での公開講演内容をまとめたものです。

生命科学と倫理

21世紀のいのちを考える

2001年4月27日　第1版第1刷発行

編　者　関西学院大学キリスト教と文化研究センター

発行者　山本栄一

発行所　関西学院大学出版会
〒662-0891
兵庫県西宮市上ヶ原1番町1-155

電　話　0798-53-5233

印刷所　協和印刷株式会社

ISBN:4-907654-21-9
落丁・乱丁の時はお取り替えいたします。
http://www.kwansei.ac.jp/press